Im Würgegriff des Geldes

Ellen Time

Im Würgegriff – des Geldes

Kein Weihnachtsmärchen

Ellen Time
Diplomkauffrau – E-Commerce
– Sangerhausen 2004 –
E.T. ©

Bibliografische Information der Deutschen Bibliothek:
Die Deutsche Bibliothek verzeichnet diese Publikation in der Deutschen Nationalbibliografie; detaillierte Informationen sind im Internet über <http://dnb.ddb.de> abrufbar.

Herstellung und Verlag: Books on Demand GmbH, Norderstedt
ISBN 3-8334-4067-8

Inhalt

Vorwort 9

Reichtum, Geld, Macht – die Geißel der Menschheit, die Wurzel allen Übels 17

Die Leichen der Reichen – Reiche gehen über Leichen für ihren Profit 21

Medizin und Profit – die moderne Medizin 26

Die Industrie der Diäten, plastischen Chirurgie und anderem Nutzlosen oder wo kein Markt ist, da wird einer geschaffen – die Opfer und Leichen werden vertuscht. 32

Die Werbung und ihre Auswirkungen 35

Der Mensch und die deutsche Gesundheitsreform 2004 40

Wen vertreten unsere Volksvertreter? 43

Wert des Menschen – der Mensch wird nach seinem Marktwert bewertet 45

Die Zerrüttung der Familien als Folge der zerrütteten Gesellschaft 47

Sport und seine Funktion 56

Der Untergang der Kultur als Spiegelbild der untergehenden Gesellschaft/Demokratie 57

Natur und Profit 60

Völkerwanderung heute 64

Die NASA und ihre eigentliche Aufgabe 68

Divide et impera! Teile und herrsche – die Schizophrenie des Systems – die »Spaltung« der Menschen – diente Babylon als Vorbild? 70

Standesdünkel – oder die Klassifizierung der Menschen 73

Erfolg – erfolgreich 74

Idole – oder unser Vorbild, die Reichen 75

Kriminalität und die Gesellschaft 78

Frauen, die Opfer der patriarchalischen Gesellschaft 84

Mythos Chancengleichheit 88

Die wahren Herrscher 94

Die Lakaien der Macht – oder es geht nur ums Geld, das Macht begründet 99

Warum funktionieren wir Menschen so gut in allen Systemen und Gesellschaftsklassen? – Oder die Ausnutzung von Instinkten und Naturgesetzen, denen auch der Mensch unterworfen ist 107

Wie wir jeden Tag von unseren Regierungen belogen und betrogen werden 110

Ganz kurz zur Demokratie 113

Die moderne Technik – Fluch oder Segen? 116

Die Illusion, das System könnte so weitermachen 119

Die Menschheit muss sich auf sich selbst besinnen –
Die Menschheit muss auf Gottes Weg finden 121

Die zwei Möglichkeiten der Menschheit oder die
Menschheit am Scheideweg – zwischen Apokalypse
oder Neubeginn 128

Schlusswort – Zusammenfassung 149

Anhang 153

Vorwort

…bei Erweiterung des Wissens macht sich von Zeit zu Zeit eine Umordnung nötig; sie geschieht meistens nach neueren Maximen, bleibt aber immer provisorisch. Das stellte bereits Johann Wolfgang von Goethe fest.

Danke, dass Sie sich für diese Arbeit interessieren. Um die Vorgänge im eigenen Land zu verstehen, muss man über den nationalen Tellerrand sehen; erst wenn man die Ereignisse länderübergreifend sieht, erhält man Klarheit. Wenn Sie diese Arbeit gelesen haben, werden Sie die Welt sicher neu sehen, auf einer neuen, höheren Bewusstseinsebene.

> »Man soll nie vergessen, dass die Gesellschaft lieber unterhalten als unterrichtet sein will.«
> Freiherr von Knigge

Diesen weisen Rat von Herrn von Knigge muss ich leider bei dieser Arbeit außer Acht lassen.
E.T.

Bevor Sie dieses Buch mit Vorurteilen belegen und als Spinnerei oder Größenwahnsinn in die Ecke werfen, bitte ich Sie, lieber Leser, es unbedingt, vollständig und vor allem vorurteilsfrei zu lesen. Und wenn Sie sagen, schon wieder ein Weltverbesserer, kann ich nur sagen: Es ist besser einen Weltverbesserer mehr zu haben als einen zu wenig. Es ist auch kein politischer Populismus, ich bin in keiner Partei. Mich hat reiner Humanismus angetrieben, das aufzuschreiben. Damit jeder die Wahrheit, die Situation der Menschheit erkennen kann. Ob Sie mich verlachen oder verstehen, ich werde es nicht mehr stillschweigend hinnehmen, dass die Menschheit mit immer rasenderer Geschwindigkeit in ihr Verderben rennt.

Während ich dabei war, das alles aufzuschreiben, haben sich die Ereignisse überstürzt, und vieles ist schneller eingetreten – schneller, als ich es habe aufschreiben können. Ich habe bemerkt, dass ich mich fast schon zu spät entschieden habe, den Mund aufzumachen.

Deshalb habe ich mich entschlossen, auf viele noch geplante Kapitel an dieser Stelle zu verzichten. Ich glaube, dass die Kapitel ausreichen und ausreichen müssen, um das Netzwerk, das »Zusammenspiel«, die Komplexität der globalen Ereignisse zu erkennen, um sie so jedem deutlich zu machen.

Ebenso habe ich mich entschieden, mich nicht mehr damit aufzuhalten, das Manuskript noch zu überarbeiten und deutlicher auszuarbeiten. Nach der ersten Fassung habe ich diese Entscheidung jedoch nochmals überdacht und es, um Missverständnissen vorzubeugen, doch noch etwas ergänzt. Als ich im Januar 2004 anfing, alles aufzuschreiben, dachte ich, wir haben noch eine Minute um die Welt zu retten, wenn sie um zwölf Uhr untergeht.

Aber die Ereignisse haben sich in einem so atemberaubenden Tempo beschleunigt, dass ich mich korrigieren und feststellen musste, wir haben nur noch drei Sekunden!

- Wir haben nur noch drei Sekunden, gemessen am Alter der Welt und der Existenz der Menschen, um die Gefahr, in der wir uns befinden, komplex zu sehen, sie zu begreifen, zu erkennen, umfassend zu verstehen und gemeinsam zu handeln!

Drei Sekunden um uns, die Menschheit, zu retten.
Wir haben keine Zeit, für irgendwelche banalen Streitereien.

- Es gibt viele Prophezeiungen vom Untergang der Welt, aber keine, keine Bedrohung war bisher so real, so zeitnah wie die hier geschilderten heutigen Gefahren.

- Wenn die Menschheit die Bedrohungen nicht ernst nimmt, wird sie sich zweifelsfrei in den nächsten zwanzig bis fünfzig Jahren selbst ausgerottet haben.

Eine festgefahrene Situation muss geklärt werden, damit ein Neuanfang möglich ist. Loslassen ist notwendig, auch loslassen von alten Verhaltensmustern.

Wir müssen in ganz anderen Dimensionen denken.
Wir müssen den Ernst der Lage, unserer, Lage erkennen – global!
Wir stehen am Abgrund. Da gibt es nur eins: sofort die Ärmel hochkrempeln, die Arbeit beginnen, wenn wir uns retten wollen, bevor es dafür zu spät ist!
Wir müssen in ganz anderen Dimensionen handeln, global. Ich hoffe, dass es mir mit dieser Arbeit gelingen wird, einen Teil dazu beizutragen.

Und ich hoffe, dass es mir gelungen ist, allen Menschen leicht verständlich, den einzig gangbaren friedlichen Weg gezeigt zu haben, sich selbst zu retten.
Ich hoffe, dass allen klar wird, dass wir keine Zeit zu verlieren haben. Wir müssen sofort aufhören, uns weiter belügen zu lassen und uns selbst weiter was vorzumachen. Wir müssen aufhören, uns alles Schlechte, alle Gefahren »schön« zu reden.

– Als Präsident Bush gewählt wurde, war mein erster Gedanke: Das gibt Krieg, und ich habe geschwiegen …
(Sein Wahlkampf wurde von den Waffen- und Ölmultis finanziert.)

Als das Attentat am 11. 9. 2001 auf das World Trade Centre verübt wurde, war mein erster Gedanke: Das verändert die Welt für immer, und mein zweiter Gedanke erinnerte mich sofort an den Reichstagsbrand und daran, wer ihn wirklich gelegt, entfacht und gebraucht hatte – und ich habe geschwiegen …

Wir benehmen uns, wenn es um wichtige Dinge geht, wie die berühmten drei Affen:

- Nichts hören, nichts sehen, nichts sagen!

Aber jetzt zu schweigen hieße, die Vernichtung der Welt wissentlich zuzulassen!
Jetzt zu schweigen wäre, Beihilfe durch Unterlassung zur Vernichtung, zum Untergang der Welt zu leisten!
Ich kann es nicht mehr mit meinem Gewissen vereinbaren, weiter zu schweigen, es ist allerhöchste Zeit zu reden …und zu handeln!

Und wenn Sie mit Ihrem Leben, so wie es ist, unzufrieden sind und Antworten nach dem Warum suchen, sollten Sie unbedingt dieses Buch lesen. Es wirft Fragen auf, bleibt ihnen die Antwort manchmal scheinbar schuldig. Die eine oder andere Antwort auf Ihre Fragen könnten Sie hier finden. Es kostet Sie nur die Zeit, die Sie sich zum Lesen nehmen.
Ich appelliere an Sie, ja, ich bitte Sie, sich die Zeit gleich zu nehmen, denn die Zeit ist viel kostbarer, als Sie momentan noch denken.
Bitte lesen Sie alles, denn dadurch sind Sie in der Lage, das große Ganze zu begreifen, oder wenn Sie es bereits wissen, eine Bestätigung für ihre Beobachtungen zu erhalten.

Ich habe mich bemüht, die weitverzweigte Thematik, die eigentlich Stoff für mehrere Bücher umfasst und das wichtigste Thema der

Welt ist, hier im »Telegrammstil« in größtmöglicher Komprimierung aufzuschreiben.
Die Verzweigungen und Kausalitäten sind um ein Vielfaches filigraner, als ich es hier in der Komprimierung zu beschreiben vermag. Mein größtes Problem bei dieser Arbeit war für mich nicht der Mangel an Fakten und Informationen, sondern die Flut derer. So konnte ich hier vieles nur »anreißen«.

Ich hoffe, dass es dennoch für jeden verständlich ist. Nebenbei bemerkt: Mir ist es auch sehr schwer gefallen, kurze Sätze zu schreiben, was mir nicht immer gelungen ist, denn die gewählten langen Sätze sind für mich eigentlich kurz. Üblicherweise sehen meine Sätze wie die des Römers Cicero aus.

Vieles wird Ihnen aus eigenem Erleben bekannt vorkommen, unabhängig davon, auf welcher »Seite« Sie stehen.
Was finden Sie hier? Eine jahrelange Kausalitätsstudie des Weltgeschehens. Eine empirische Abhandlung dazu. Eine Studie über die Menschen, die Welt und Gott. Es geht um die <u>reale Bedrohung</u> der Welt durch das Geld, durch die Zerstörung der Erde und die Fehler der Menschen. Ich wiederhole, wenn die Welt um zwölf Uhr untergeht, so ist es jetzt schon drei Sekunden vorher! Und die Uhr tickt. Es ist allerhöchste Zeit zu handeln!

> »Wann endlich, wenn nicht jetzt?«
> Albert Einstein

Es geht um den vielleicht einzig möglichen Weg, die Menschen und die Welt zu retten und die Welt <u>für alle</u> zum Garten Eden werden zu lassen. Es geht um eine grundlegende Reformierung der Welt. <u>Um eine neue Weltordnung!</u>

Die Rettung ist hier noch utopisch, aber <u>wenn die Menschen diese Botschaft verstehen, umdenken und gemeinsam daran</u>

arbeiten, wird es gelingen, die Utopie Realität werden zu lassen.

Andernfalls geht die Welt, noch bevor unsere Kinder groß sind, unter!
Das ist keine Panikmacherei! Nach Lesen dieses Buches werden Sie, vorausgesetzt, Sie haben mich verstanden, meine Meinung teilen. Sollten Sie noch Fragen haben, werde ich mich bemühen sie Ihnen zu beantworten, wenn Sie mir schreiben.

Ich habe viele Beispiele aus Deutschland verwendet, weil ich in Deutschland lebe, dennoch sind die hier aufgezeigten Gesetzmäßigkeiten und Mechanismen weltweit wirksam, unabhängig davon, auf welcher gesellschaftlichen Entwicklungsstufe die einzelnen Länder sind.

Heute leben auf unserem Planeten zirka 6,5 Milliarden Menschen (1 Milliarde ist eine 1 mit 9 Nullen!). Tendenz steigend. (Noch mal: 1 Milliarde ist eine 1 mit 9 Nullen!) Davon leben etwa 6 Milliarden Menschen in Armut aller Stufen. Kaum vorstellbar: Nur ein paar hundert sind reich, besser: superreich …

Bereits am 31. Oktober 2001 wurde in einer deutschen TV-Sendung des Senders ARD namens »Glaubenszeichen« die Frage aufgeworfen:
»Wie ist es zu ertragen, dass 80 Prozent des Weltvermögens in den Händen von nur 220 Menschen liegen?«

– Anmerkung: Ich werde mich auf diese Tatsache noch öfter beziehen, da sie kausal für alles ist. Heute ist sie nicht mal mehr richtig, da die Zahl der 220 noch weiter geschrumpft ist und ständig schrumpft. Schätzungsweise dürfte sie heute noch bei 60 liegen, was die 80 Prozent gleichzeitig steigen lässt, weshalb sich die Ereignisse weltweit auch so dramatisch überstürzen.

Zur Erleichterung werde ich aber einfach an bestimmten Stellen nur von »220« sprechen, womit die reichsten der Welt gemeint sind. –
Übrigens liegt ein beträchtlicher Teil des Weltvermögens auf Nummernkonten in der Schweiz und anderswo auf der Welt.

Nur der kleinste Teil des Weltvermögens steht den 6 Milliarden Menschen zur Verfügung!

Warum ist das so? Warum kämpfen so viele Menschen Tag für Tag oft um das nackte Überleben? Während wenige andere einen Reichtum haben, den sie oft nicht mal benennen können, weil sie jede Sekunde reicher werden?!
Warum ist die Armut schon seit Jahrtausenden so weit verbreitet, obwohl Milliarden Menschen aller Völker täglich so hart arbeiten? Seit Jahrtausenden gibt es mehr arme als reiche Menschen.
Warum? Weil die armen Menschen faul sind und dumm und deshalb selbst schuld sind an ihrem Elend? Falsch, denn das ist genau das, was die Reichen den Menschen seit jeher einreden. Eine von vielen bewusst in die Welt gesetzte Kapitallüge! Alleine schon das Wort arm, stellt aus dem Munde der Reichen eine Demütigung und Diskriminierung dar. So sucht jeder Mensch, dem es schlecht geht, den **Grund** dafür bei sich und nicht dort, **wo er ist**, nämlich **bei den Reichen und ihrem System der Ausbeutung der Menschen und des Planeten.**

> »Armut demütigt die Menschen so, dass sie selbst über ihre Tugenden erröten.«
> Marquis de Vauvenargues

Um diese Zusammenhänge/Erkenntnisse zu gewinnen, musste ich lernen, in anderen Größenordnungen zu denken. Um diese Erkenntnisse zu gewinnen, musste ich in zwei konträren Gesellschaftsordnungen leben, die beide vorgeben, demokratisch zu sein, dabei jedoch beide nicht zur Demokratie taugen, viele Erfahrungen in beiden Gesellschaftssystemen, der Deutschen Demokratischen Republik und der Bundesrepublik Deutschland, sammeln, durchleben sowie jahrelang viele Bücher und anderes Faktenmaterial studieren und analysieren. Das Ergebnis dieser Studien habe ich hier niedergeschrieben.

Reichtum, Geld, Macht – die Geißel der Menschheit, die Wurzel allen Übels

Das Böse hat einen Namen: Geld und Macht.

> »Die Geldgier ist des Teufels liebstes Kind.«
> Spruchweisheit

Alles und jedes Leid auf dieser Welt ist durch Macht und Geld entstanden!
Kriege und Verbrechen wurden und werden seit jeher aus diesen Gründen geführt und begangen.

> »Wer Geld lieb hat, bleibt nicht ohne Sünde.«
> russisches Sprichwort

Das jüngste Beispiel der Geschichte dazu ist der Irakkrieg. Der Irak soll Massenvernichtungswaffen haben, die eine Bedrohung für die Menschen darstellen. Das ist die Lüge, mit der die Weltöffentlichkeit getäuscht wurde, um den Krieg zu rechtfertigen. Als man merkte, dass die Lüge nicht reicht, setzte man schnell noch eine nach – die angebliche Befreiung des irakischen Volkes.
Hinter dem Deckmantel der humanitären Hilfe **für das wirklich Not leidende Volk** wird ein Krieg geführt zur Plünderung der Ölfelder des Landes. Ein weiterer Nutzen für die Kriegstreiber ist der Gewinn am Aufbau der zerstörten Häuser und Infrastruktur. Baue auf und reiße nieder, dann hast du Profit immer wieder. Es geht auch um neue Märkte. **Es geht also wieder**, einmal mehr, **um Macht und Geld.**
Dass das Volk dabei von seinem **alten** Diktator befreit wurde, ist in der Kausalität begründet.
Was wiederum sehr willkommen ist. Es ist nicht zufällig entstanden, es ist eine natürliche, kalkulierte Gesetzmäßigkeit. Kalkuliert kann man doch dann als neuer Herrscher, wie die Marionette dann heißen mag, alles besser unter Kontrolle haben.

Der entmachtete Diktator, der seine Macht und seinen Reichtum durch die Ausplünderung des Volkes und der Ermordung der Kritiker seines Regimes hatte, hätte ja nicht freiwillig seinen Reichtum und die Ölfelder seinen Konkurrenten hergegeben.
Es geht wie immer darum, Macht und Reichtum weiter auszubauen. Koste es, was es wolle! Menschen und Material.
Ja, die Rüstungsindustrie kann mal am lebenden Objekt ihre neuesten Tötungsmaschinen testen. Die verkaufen sich gut in Kriegszeiten. Je länger so ein Krieg dauert, umso besser für das Geschäft und umso voller werden die Kassen. Ach ja, und die alten Bestände wird man auch gleich los. Wie praktisch, so viele Fliegen mit einer Klappe zu schlagen. Die armen Soldaten, die ihre Haut zu Markte tragen, bekommen, wenn sie es denn überleben, dafür dann vielleicht einen Blechstern an die Brust geheftet. Viele der rückkehrenden Soldaten sind so traumatisiert, dass sie sich im normalen Leben nicht mehr zurechtfinden, das geht sogar so weit, dass etliche bereits ihre Frauen umgebracht haben. Erst werden die Soldaten angeheizt und dann verheizt. Wie es den amerikanischen Kriegsveteranen in der Heimat dann ergeht, erzählen ihre Schicksale, beispielsweise vom Korea- oder Vietnamkrieg, auf erschütternde Weise.

Und die Reichen sind noch reicher geworden und die Armen noch ärmer.
Die Betrogenen sind wieder die armen Menschen, auf beiden Seiten der Front.
Die Soldaten, die ehrlichen Herzens auszogen, um das Leid der Unterdrückten zu beenden, waren und sind einmal mehr nur das Werkzeug der Machthaber, der Reichen, manche werden sogar zu Kriegsverbrechern.
Und die Reichen und ihre Vasallen, denken schon über die nächsten Kriegsschauplätze nach. Und teilen schon die Beute auf.
Das »Pentagon« und andere verstehen nicht, dass das irakische Volk den Amerikanern nicht freudig um den Hals fällt für die Be-

seitigung ihres Ausbeuters Hussein. Sie begreifen einfach nicht, dass das irakische Volk frei sein will. Frei – und nicht will, dass ein Ausbeuter durch den anderen ersetzt wird.
Die USA und andere bilden sich ein, das irakische Volk wüsste nicht, dass sie ihre »Befreiung« dem Erdöl ihres Landes verdanken.
Selbstgefällige Politiker und andere Machthaber setzen den Mangel an Geldbesitz, die Armut eines Menschen oder Landes fehlendem(r) oder mangelndem(r) Verstand/Intelligenz gleich. Zudem sind sie durch ihre Überheblichkeit nicht in der Lage, die vorherrschenden ethnischen, religiösen und stammesabhängigen Strukturen und daraus resultierenden Konflikte zu verstehen, geschweige denn zu lösen.
Die amerikanischen Machthaber haben das bei dem ersten Bush-Irakkrieg vor dreizehn Jahren nicht verstanden, und sie verstehen es heute immer noch nicht.

»Heute, im modernen Krieg, wird nicht mehr erobert, sondern befreit!«
Die Völker bekommen die große Freiheit der Demokratie »verordnet«. In der ersten Euphorie freuen sich sogar viele Menschen darüber und sind zutraulich wie Lämmer im Schafsstall am Heuhaufen, erst später, wenn der »Wolf Kapitalismus« den Schafspelz, das Wort Demokratie, ablegt oder sie von ihm, dem Kapitalismus, »gebissen« werden, erkennen sie die wahre Fratze der Macht. Erst dann erkennen die Menschen, dass sie einmal mehr betrogen wurden, **betrogen um die Demokratie und die Freiheit.**

> »Wölfe im Schafspelz erkennt man daran, dass sie ungeschoren bleiben.«
> Simone Signoret

Man muss in einer kapitalistischen, pseudodemokratischen Gesellschaftsordnung leben, um die Gefahren, Beschränktheiten, Unsi-

cherheiten zu fühlen, zu erleben, damit man versteht, was man sonst nicht wahrhaben will.
Einen großen Teil seines Wissens erhält der Mensch durch Bildung, aber erst durch eigene Erfahrungen kann er es vervollständigen und tatsächlich verstehen.

> »US-Präsident Bush führt sich auf wie ein römischer Kaiser,
> so, wie man Tyrannen aus Kinofilmen kennt.
> Ich denke oft, ich habe nicht Nero in ‚Quo Vadis?' gespielt,
> sondern George W. Bush.«
> Peter Ustinov

Die Leichen der Reichen – Reiche gehen über Leichen für ihren Profit

Keiner ist auf dieser Welt auf ehrliche Weise jemals reich geworden, ob nun Könige, Kaiser, Großindustrielle oder Politiker. Seit Tausenden von Jahren wurden und werden Menschen getötet, um anderen Menschen mehr Macht und Reichtum zu verschaffen. Verrat und Mord – es ist immer dasselbe. Nur die Methoden werden anders und die Gründe besser verschleiert.
Menschen werden versklavt bis heute! Auf die unterschiedlichsten Arten.

> Nichts ist so sicher geschützt, dass es nicht mit Geld erobert werden könnte. Das stellte bereits Cicero fest.

Keiner hat die Millionen von Menschen gezählt, die bisher ihr Leben verloren haben auf den Schlachtfeldern der Geschichte für den Reichtum und die Macht ihrer Herrscher. Die ihr Leben verloren haben durch Verrat, Korruption und Intrigen der Reichen.
Aber auch ohne Krieg sterben täglich Menschen durch die unersättliche Geld- und Machtgier der Reichen.
Jährlich sterben alleine in Deutschland zirka 110.000 Menschen an den Folgen des Rauchens. Selbst schuld. Nein!
Die Tabakindustrie hat mit jahrzehntelanger Werbung, unter anderem auch durch Verteilen von Gratispackungen, Generationen von Kindern zum Rauchen animiert und ihnen die Zigarettenautomaten vor die Nase gehängt. Die kindliche Neugier und das Nachahmen von Erwachsenen wurden und werden skrupellos ausgenutzt. Gilt es doch, neue »Verbraucher« zu schaffen. Für die, die sterben, muss Nachwuchs her. Nach Möglichkeit noch mehr. Denn rauchende Kinder sind rauchende Erwachsene!
Nach meiner Studie haben 98 Prozent der Raucher als Kinder oder Jugendliche mit dem Rauchen begonnen!!!
Und mit dem Rauchen aufzuhören ist nicht so leicht, fügt doch die

Tabakindustrie extra suchtfördernde, suchtverstärkende Mittel in den Tabak. Außerdem werden Duft- und Geschmacksstoffe sowie die kontinuierliche Tabakverbrennung fördernde Stoffe dem Tabak zugesetzt. Als wäre die Wirkung des Nikotins nicht schon schlimm genug, dass extra noch so viele Zusätze beigefügt werden. Nikotin ist ein Nervengift, das süchtig macht; das ist nicht neu, aber neu ist, dass die Raucher immer jünger werden, in immer größerer Anzahl, das gibt es erst in den letzten Jahren in dieser Entwicklungsstufe der Demokratie.

Die Zigarettenindustrie bestreitet, dass sie Kinder und Jugendliche als Kunden gewinnen will. Doch die Zwangsveröffentlichung von Geheimakten der US-Tabakindustrie beweist: Kinder und Jugendliche werden gezielt als neue Kunden »geködert«. Die Strategie ist leider sehr erfolgreich.
Aber auf den Zigarettenpackungen steht doch, dass Rauchen die Gesundheit gefährdet.
Wie fürsorglich!? Wem nutzt das? Dem Süchtigen? Nein, den Besitzern der Tabakkonzerne!
So schützen sie sich vor Schadensersatzklagen durch die Geschädigten und Hinterbliebenen. Und dann sind die Warnhinweise so gestaltet, dass sie extra cool sind und für die Jugendlichen das Rauchen möglicherweise sogar erst richtig interessant machen. Toller Effekt, jugendgemäße krasse Sprüche als Manipulation, animierende Werbung durch die Hintertür.

In Deutschland inhalierten 1992 rund 20 Millionen Raucher noch 131 Milliarden Zigaretten, bereits 2002 waren es schon 145 Milliarden Stück. Das ist eine Steigerung bis 2002, allein in Deutschland, von 14 Milliarden Stück, Tendenz: weiter steigend.
Diese Zahlen beziehen sich lediglich auf die Fertigzigaretten. Die Tonnen von Tabak, die noch extra zum Selbstdrehen verkauft werden, sind dabei nicht berücksichtigt.

Rechenbeispiel: was ein Raucher bei einem nur gleichbleibenden Preis derzeit in fünfzehn Jahren der Wirtschaft zahlt. Bei einem Verbrauch von einer Schachtel Zigaretten pro Tag und einem Preis von 6 Euro. (Preissteigerungen in den nächsten Jahren nicht eingerechnet.)

6 x 365 = 2.190 Euro im Jahr

2.190 x 15 Jahre **= 32.850 Euro**

Davon können Sie 48 Euro für die Schaltjahre abziehen oder drin lassen für die Zigaretten, die sie von Freunden geschenkt bekommen.
Wohlbemerkt: Diese 32.850 Euro zahlt alleine ein Raucher, bei einer Schachtel Zigaretten am Tag. Wie viele Raucher kennen Sie?

Es ist 24 Stunden täglich möglich, an Zigaretten zu kommen, aber nicht an einen Liter Milch.

Das Nächste sind die Alkoholtoten, deren Zahl in Deutschland pro Jahr den toten Rauchern in nichts nachsteht, möglicherweise sogar noch höher sein wird. Auch das Einstiegsalter und die anderen Kriterien gleichen sich (zum Einstieg, Alter und Rolle der Gesellschaft an anderer Stelle mehr).
Die kindliche und jugendliche Neugier und das Nachahmen von Erwachsenen wurden und werden auch hier skrupellos ausgenutzt. Auch hier leistet die Werbung ganze Arbeit.
Gilt es doch auch dafür, neue Verbraucher zu schaffen. Für die, die sterben, muss Nachwuchs her. Nach Möglichkeit noch mehr. Dafür müssen neue Produkte her, »süße Brause«-Getränke, in denen Alkohol von der Menge enthalten ist, die zwei (oder mehr) Glas Schnaps entspricht, durch den vielen Zucker wird der Alkohol übertüncht. Diese hinterhältigen Getränke werden von der Industrie als harmlos dargestellt. Denn früh übt sich, wer ein Alkoholiker werden soll.

Also kann jedes Kind überall Alkohol kaufen und trinken. Und nicht nur diese so genannten Alcopops, sondern jeden Alkohol.
Aber es gibt doch ein Kinder- und Jugendschutzgesetz, (!) toll, wie geduldig Papier ist.

Wenn Alkohol und Nikotin Drogen sind, wie jeder weiß, wieso sind sie dann legal? Wieso können sie dann von jedem überall gekauft werden? Warum wird die Produktion und der Handel damit nicht verboten?
Weil es eine Billionenschwere, ewig sprudelnde Geldquelle für die Reichen und den Staat ist.
Deutschland stemmt sich gegen das Tabakwerbeverbot, welches durch eine EU-Richtlinie ab 2005 weitgehend die Tabakwerbung verbietet. Mehr noch, Berlin klagt gegen die neue Richtlinie.
Da wirkt die sicher gutgemeinte Kampagne der Gesundheitsministerin gegen das Rauchen der Kids wie ein Alibi oder Trostpflaster für das Gewissen. (Gut, dass sie noch ein Gewissen hat, oder sind es doch andere Motive?)
Und so werden auch heute wieder ca. 800 Menschen in Deutschland und eine mir unbekannte Zahl in aller Welt sterben. Sterben, weil andere an ihrem Suchttod verdient haben, wodurch sich ihr Reichtum vermehrt hat.
Ja, ja, die Reichen gehen über Leichen für ihren Profit. Je höher der Profit, umso mehr nehmen sie dafür in Kauf!

Keiner fragt, wie sich die Mütter und Väter fühlen, die liebevoll ihre Kinder gehegt und gepflegt, alles Negative (soweit sie es konnten) von ihnen fern gehalten haben und dann eines Tages erfahren müssen, dass sie, ihre Kinder, in die Fänge dieser Teufel in Menschengestalt geraten sind. Erfahren, dass ihre Kinder rauchen, Alkohol trinken oder andere Drogen nehmen. Keiner fragt, wie sich die Eltern fühlen, wie sie leiden, wenn sie feststellen müssen, dass sie ihre Kinder vor dem schlimmsten aller Übel nicht haben schützen können.

Die Liste der Beispiele für den frühzeitigen und so sinnlosen Tod von Menschen, die durch die Geldgier anderer Menschen sterben, ließe sich traurigerweise noch um tausende Beispiele aus dem Alltag fortsetzen.

Medizin und Profit – die moderne Medizin

Contergan – einige Facetten eines Megaskandals:

> **»Ein Augenblick voll natürlicher Harmonie lässt uns wünschen, dass die Sekunde sich dehne. Doch zumeist bleibt es Augenblick und flüchtiger Wunsch, denn die Unruhe, dem Geiste einst dienstbar, beherrscht uns und treibt uns umher. Ruhe und Schlaf zu fördern vermag Contergan. Dieses gefahrlose Medikament belastet den Leber-Stoffwechsel nicht, beeinflusst weder den Blutdruck noch den Kreislauf und wird auch von empfindlichen Patienten gut vertragen. Schlaf und Ruhe: Contergan, Contergan forte.«**
>
> **»Contergan«-Reklame**

Liest sich doch gut diese Werbung?! Aber wissen Sie wirklich, was Contergan ist?

Contergan, das den Wirkstoff Thalidomid enthält, war Ende der 1960er Jahre in Deutschland als Schlaf- und Beruhigungsmittel gebräuchlich und galt seinerzeit im Hinblick auf Nebenwirkungen als besonders sicher. Durch die Anwendung des Contergans in einem frühen Stadium der Schwangerschaft kam es jedoch zu schwersten Missbildungen der ungeborenen Kinder. In den Jahren 1958 bis 1961 wurden weltweit etwa 10.000 Kinder mit Missbildungen der Gliedmaßen geboren. Davon allein in Deutschland, wo das Arzneimittel stark verbreitet war, zirka 4.000 behinderte Kinder. Contergan überschreitet die Plazentaschranke und gelangt damit in den Blutkreislauf des Embryos und führt zu Störungen in der Organentwicklung. Bei der Einnahme des Schlaf- und Beruhigungsmittels in der frühen Schwangerschaft, also in zirka der 4. bis 6. Schwangerschaftswoche, führt Contergan zu Fehlbildungen der Gliedmaßen, zu fehlenden Armen, Beinen, Händen, Füßen, Fingern, Ohrmuscheln und an

den Schultern wachsenden Händen sowie zu Schäden an den inneren Organen.
Die genauen biochemischen Zusammenhänge für die Missbildungen durch Thalidomid sind bis heute nicht eindeutig geklärt.
Besonders tragisch ist der Umstand, dass es mehrere Jahre dauerte, in denen missgebildete Kinder geboren wurden, bis endlich die Zusammenhänge mit der Einnahme von Contergan anerkannt und notwendige Schritte eingeleitet wurden.
Das Schlafmittel Contergan, mit dem Wirkstoff Thalidomid, führte zu der Contergan-Katastrophe, die ohne Zweifel eine der schwerwiegendsten Arzneimittelskandale der Bundesrepublik Deutschland war und immer noch ist. Dies betrifft zum einen den Schweregrad der Schädigung und die Anzahl der Opfer und zum anderen die Art der Bewältigung dieses Vorgangs. Die Contergan-Katastrophe, ein trauriges Kapitel deutscher Geschichte, ist ein tragisches Beispiel für die unzulängliche Arzneimittelsicherheit.
Der Kampf um die Anerkennung der arzneimittelbedingten Schäden der Kinder durch Contergan und damit auch der Anspruch auf Entschädigungszahlungen dauerte lange. Erst im Jahre 1971 wurde von der Bundesrepublik Deutschland und der Arzneimittelfirma Grünenthal eine Stiftung zur finanziellen Entschädigung der Opfer in Deutschland gegründet. Um in den Genuss von Entschädigungen zu kommen, mussten mit dem Stichtag 31. Dezember 1983 mögliche Betroffene ihre Ansprüche gegenüber der Stiftung geltend gemacht haben. Im Jahre 2001 wurden 26,3 Mio. Mark an insgesamt noch 2.872 Betroffene, die anderen sind zum Teil verstorben, an Rentenleistungen gezahlt. **Die Verantwortlichen der Grünenthal AG wurden aber strafrechtlich nicht belangt.** Der vor dem Landgericht Aachen eingeleitete Strafprozess gegen Verantwortliche der Firma Grünenthal wurde am 18. Dezember 1970 wegen geringer Schuld eingestellt.

Contergan-Prozessbetrug und weitere politische Hintergründe kann ich hier nicht ausführlich behandeln. Wenn Sie mehr dazu wissen möchten, wer und wie die Justiz u. a. zum Prozessbetrug veranlasste, können Sie das zum Beispiel in Dr. Plichtas sehr detailliertem Buch »Das Primzahlkreuz Band III« nachlesen. Sollte die Justiz in Deutschland sich nicht dem Vorwurf aussetzen wollen, dass für Chemie-Multis grundsätzlich andere Gesetze gelten als für den Normalbürger, dann müsste sie dieses Buch zum Anlass nehmen, schleunigst gegen das Haus Henkel und andere Hintermänner zu ermitteln, die in diesem Buch einer ganzen Reihe von Offizialdelikten bezichtigt werden. Das sind Delikte, bei deren Bekanntwerden die Justizbehörden gesetzlich verpflichtet sind, von sich aus tätig zu werden.

Ein altes Sprichwort sagt: »Die Kleinen hängt man, die Großen lässt man laufen!«

Mehr zu diesem Thema finden sie im Internet beispielsweise unter der folgenden Adresse: http://www.tierversuchsgegner.org

Contergan ist bis heute, rund vierzig Jahre nach der Katastrophe, kein Mahnmal für die Bedeutung von Qualität und vor allem Sicherheit von Arzneimitteln. Contergan sollte als Symbol für die Dringlichkeit stehen, das ungeborene Leben bei medizinischen Behandlungen und Untersuchungen optimal zu schützen.
Stattdessen erhielt es einen neuen Namen und wird ungehindert in der so genannten Dritten Welt weiter verkauft! Es werden immer noch durch die Einnahme der Thalidomid-haltigen Mittel missgebildete Kinder geboren.

Skrupellose Verschreibung von Pillen

Millionen von Patientinnen wurden jahrelang hochdosierte Verhütungsmittel verschrieben, ohne dass irgendjemand etwas über die wahrscheinlichen Folgen wusste. Als erkennbar wurde, dass diese

Pillen Hunderte von Frauen das Leben kosteten, wurden niedriger dosierte Pillen auf den Markt gebracht.

»Tote Patienten kaufen nicht so viel.«

Man schützt den Markt, nicht den Menschen!

Medizin und Profit

Die moderne Medizin ist nichts anderes als der größte, unverschämteste und lebensgefährlichste Bluff, den es in der langen Geschichte der Medizin je gegeben hat. Die Wahrheit ist, dass die Schulmedizin zum Mittler zwischen Pharmaindustrie und Patient geworden ist.

Paracelsus und Hippokrates wären entsetzt – wie jeder normale Mensch. Die Pharmaindustrie misshandelt und tötet Tiere zu Versuchszwecken. Sie benötigt diese Tierversuche, um eine weitere pseudowissenschaftliche Absicherung für ihre vielfach gesundheitsgefährdenden Präparate zu haben.

Das lohnt sich für die Pharmaindustrie, für ein Billiardengeschäft! Allein die Medikamente, die pro Jahr nur in Deutschland verbrannt werden, haben ein Volumen von 4 Milliarden Euro! Diese Medikamente werden verbrannt, weil ein Gesetz, das Arzneimittelgesetz, es so vorschreibt, um der Pharmaindustrie und den Apothekern die Profite zu sichern. Natürlich werden in dem Gesetz andere Gründe vorgeschoben. Fadenscheinige Argumente, wie die angebliche Sorge um unsere Gesundheit, sollen uns beruhigen, uns daran hindern, uns gegen diese Praktiken aufzulehnen. Eine schöne heile Welt vorgaukeln.

Tatsächlich aber soll damit verhindert werden, dass vernünftige Ärzte die an sie zurückgegebenen, von anderen Patienten nicht benötigten und in einwandfreiem Zustand befindlichen Medikamente kostenlos bedürftigen Patienten geben. Bekämen die Pa-

tienten diese bereits bezahlten und demnach für die weiteren Patienten wie gesagt kostenlosen Medikamente, entginge ja den Apotheken und den Pharmakonzernen der nochmalige Verkauf teurer Medikamente.
So also wird gegen jede moralische und Ressourcen erhaltende Vernunft und gegen jede medizinisch begründete Notwendigkeit explizit ein Gesetz erlassen, die Medikamente zu verbrennen. Allein dieser eine Aspekt verdeutlicht schon die Macht und den Einfluss der Pharmaindustrie, sogar auf die Gesetzgebung.
Eine andere Praktik, Geld mit der Not der Menschen zu verdienen, wird in Amerika angewendet, dort gibt es Konzerne, die die Vernichtung überlagerter, nicht mehr verwertbarer (!) Medikamente umgehen, indem sie diese in die Dritte Welt als »humanitäre Hilfe« schicken – das ist nämlich billiger als die Verbrennung der Medikamente.
Im letzten Jahrhundert hat sich die Medizin zu einem Anhängsel der pharmazeutischen Industrie und der Organisation eines gigantischen, übermächtigen und überaus gewinnträchtigen wirtschaftlichen Großunternehmens, genannt Gesundheitswesen, entwickelt.
Wie heißt es doch in der Werbung immer so schön? Zu Risiken und Nebenwirkungen lesen Sie die Packungsbeilage oder fragen Sie Ihren Arzt oder Apotheker.
Wenn Sie nach Lesen der Packungsbeilage das Medikament immer noch nehmen, dann …
(Nicht alle Medikamente sind so gefährlich, aber viel zu viele.)
Jährlich sterben alleine in Deutschland 20.000 bis 30.000 Menschen an den Nebenwirkungen von Medikamenten.

Die grausame Wahrheit ist, dass der Großteil aller medizinischen Forschungsprojekte von der Arzneimittelindustrie (bzw. der Lebensmittel-, Tabak- und Alkoholindustrie) organisiert, bezahlt, in Auftrag gegeben oder subventioniert wird. Diese Art von Forschung dient nur dazu, Beweise dafür zu finden, dass ein neues

Produkt von wirtschaftlichem Wert ist. Die Unternehmen, die solche Forschungsprojekte in Auftrag geben, suchen nach Erkenntnissen, mit deren Hilfe sie ihr Produkt verkaufen können. Von Arzneimittelherstellern gesponserte Forschungsprojekte sind mehr auf eine positive verkaufsfördernde Beurteilung des Produktes als auf Wahrheitsfindung und tatsächliche umfassende Analyse der Wirkung aus. Die Verlierer sind wieder die Menschen, die an den Nebenwirkungen noch schwerer erkranken oder gar sterben.

Die Leichen der Reichen – Reiche gehen über Leichen für ihren Profit.

Diese wenigen, sehr kurz gefassten Beispiele für die Leichen der Reichen sollen an dieser Stelle genügen. Alles aufzuzählen wäre eine jahrelange Extraarbeit.

Die Industrie der Diäten, plastischen Chirurgie und anderem Nutzlosen oder wo kein Markt ist, da wird einer geschaffen – die Opfer und Leichen werden vertuscht.

> » …gegen Ende eines Jahrtausends wird Satan zurückkehren und unter uns wandeln, nicht als Biest, sondern als Schönheit.«
> Das etruskische Buch der Toten

Die Menschen leiden an vielen Krankheiten, vor allem aber an mangelndem Selbstbewusstsein, als Mensch, als Individuum.
So kann sich nur erklären, dass es möglich ist, den Menschen von einer Industrie einzureden, dass ihnen schmerzhaft das Fett abgesaugt, ihre Lippen aufgespritzt und ihre Haut gestraft werden muss, dass sie eine neue Nase, ein neues Kinn, eine neue Brust und so weiter brauchen, ohne dass dafür eine medizinische Notwendigkeit besteht.
Man setzt die Menschen unter seelischen Druck, sich diese Operationen anzutun. Es wird ihnen eingeredet, dass es ihr Leben und ihr Wohlbefinden verbessern würde.
Und wer will nicht sein Leben verbessern? Tatsächlich aber verbessert es nur das Leben des Arztes und der Industrie.

Erst macht man die Menschen krank und dann, scheinbar wieder, gesund!

Die Menschen, die nicht das Geld dafür aufbringen können oder wollen, werden durch den Verkauf von Tausenden von verschiedenen Diätpräparaten und Kosmetika abgezockt. Es wird ihnen das Geld für all das – für den Menschen als Individuum – nutzlose und gefährliche Zeug aus der Tasche gezogen. Es werden Gutachten erstellt, die die Gefahren leugnen und nur dem Zeck dienen, die natürliche Angst der Menschen aus dem Wege zu räumen, um nicht den Profit zu gefährden.

Der Profit wird geschützt, nicht der Mensch!

Wobei nichts gegen die Notwendigkeit und Wichtigkeit von Körperpflege und Hygiene zu sagen ist.
Ebenso sind das Piercing und die Tattoos aus dem Urwald geholt und »gesellschaftsfähig« gemacht worden.
Für ein Milliardengeschäft.
Jeder Mensch hat eine angeborene Schönheit, man muss sie sich nur nicht ausreden lassen. Sie wird ihnen aber ausgeredet, und dadurch werden die Menschen gequält, ihre Einzigartigkeit aufzugeben und zu Klonen zu werden.

Die Schönheit liegt im Auge des Betrachters, das ist keine Floskel, sondern eine Tatsache.

Aber für eine Dame, die kein anderes Talent als Schönheit empfangen hat, gibt es keine größere Kränkung als die, wenn ihr der Spiegel, der Wahrheitsfreund, den unwiederbringlichen Verlust des ganzen Wertes ihrer Existenz verkündet.

Marktforschung oder die andere Bedeutung dieses Wortes:
Es wird am Mark geforscht, mit welchem neuen Mist man die Menschen weiter als Verbraucher und Konsumenten begeistern und um ihr Geld erleichtern kann.

Die Menschen, die als Folge der Nutzung dieses Marktes bleibende Gesundheitsschäden davongetragen haben und davontragen, werden dann mit anderen Mitteln weiter »kuriert«. Über die Toten spricht man dann nicht.

Und da in dieser Gesellschaft nicht der Mensch das Beste ist, sondern das Geld, wollen so viele jeden Tag nur unser Bestes …

…schon Sokrates sagte einmal, bei einem Gang über den Markt: »Wie zahlreich sind doch die Dinge, deren ich nicht bedarf.« Was würde er erst heute angesichts der zahlreichen unnützen und unnützlichen Dinge sagen?

Die Werbung und ihre Auswirkungen

Wir alle kennen sie, wir alle sehen sie; wir können ihr nirgendwo entgehen, sie verfolgt und terrorisiert uns; schließlich soll sie uns ja zum Kaufen manipulieren.

Sie ist wichtig (nicht für uns); abgesehen davon, dass sie selber ein gigantischer Industriezweig mit Milliardenprofiten ist, ist sie auch für die Auftraggeber sehr lukrativ. Wenn Sie wissen, dass ein wenige Sekunden dauernder Werbespot im Fernsehen 50.000 Euro und mehr kostet, können Sie ahnen, welch gewaltige Gelder mit dem Verkauf der beworbenen Produkte verdient werden! In welchen Dimensionen sich der Profit bewegt, den wir den Konzernen bringen.
Wir leben ja in einer »Wohlstandsgesellschaft«, in der Demokratie, in der es jede erdenkliche Ware, alles im Überfluss gibt. Die Ware muss ja auch unter das Volk gebracht, verkauft werden, sonst gibt es keinen Gewinn.
Ja, und dann ist ja die Werbung ein nützlicher Helfer, Konkurrenten zu verdrängen. Schließlich haben wir ja auch einen Verdrängungswettbewerb, wie sportlich sich das anhört: Wettbewerb. Und das uns allen bekannte Wort Wettbewerbsfähigkeit hört sich so harmlos an. Wettbewerbsfähigkeit ist eine tolle Umschreibung dafür, den anderen fertig zu machen.
Die Macht der Werbung, eine Volksweisheit sagt: Steter Tropfen höhlt den Stein. So redet uns die Werbung permanent, etwas Neues ein, was wir also unbedingt zum Leben brauchen; dazu werden selbst Ergebnisse aus der Hirnforschung genutzt, um die Werbung noch effektiver zu machen.
Was wir essen, trinken, anziehen sollen und vieles andere mehr, das wir kaufen und nehmen sollen. So »brauchen wir unbedingt« Markenwaren. Unsere Kinder, die die Markenjeans, das neueste Handy oder ein anderes Produkt nicht bekommen, tragen den Werbe- und anderen Terror noch zusätzlich in die Familien. Kinder aus wirtschaftlich schwächer gestellten Familien werden aus-

gegrenzt. (– Eine »Schuluniform« könnte gegen Markenkleidung zum Beispiel ganz einfach Abhilfe schaffen, aber das ist ja von der Industrie und den Mächtigen gar nicht gewollt. – Allerdings, an bestimmten Schulen der Reichen gibt es Schuluniformen!)
Statt Anteilnahme erfahren arme Menschen Ablehnung oder Ausgrenzung. Dabei ist Armut keine Schande, sondern eine Tragödie. Es ist eher die Schande der Gesellschaft, dass sie solche Armut nicht verhindert, statt die Betroffenen auszugrenzen.
Gruppenanpassungsnorm und der von ihr ausgehende Druck ruft Minderwertigkeitsgefühle und Depressionen nicht allein bei Kindern und Jugendlichen, sondern in breiten Teilen der Bevölkerung hervor. Erkrankungen, der und durch die Seele, psychosomatische Störungen nehmen stetig zu in diesem System.
Werbung macht die Menschen krank und unzufrieden. Sie gaukelt uns vor, dass wir nur glücklich sind, wenn wir ihr gehorchen.

Es werden, selbst für vollkommen Nutzloses, Sehnsüchte und Wünsche geweckt. Dazu ist der Werbung jedes Mittel recht. Man bedient sich dabei auch dem genetisch bedingt in uns allen innewohnenden, Art erhaltenden Fortpflanzungstrieb. Es gibt kaum eine Werbung, in der nicht nackte Körper von Frauen – neuerdings auch von Männern – oder andere sexuelle Signale enthalten sind.

Diese Art der Werbung weckt bei vielen Menschen nicht nur Interesse für das beworbene Produkt. Selbst Spielfilme, Filmstars, Showstars und Sportler werden für die Übermittlung von Werbebotschaften benutzt. Den Menschen werden die Köpfe zugemüllt mit Sex, pornografischen Filmen, pornografischen Druckerzeugnissen, Gewalt, gewaltverherrlichenden Filmen und anderen menschenverachtenden Botschaften.

Solche Botschaften fließen in das Leben ein, als Folge dieses verantwortungslosen Handelns steigen die Zahlen an Vergewalti-

gungen, Kindesmissbräuchen, Lustmorden und anderer Verbrechen.
Kinder werden an Gewalt gewöhnt durch Spiele voller roher Gewalt, die stark beworben werden. Egal, wie die kindliche Seele dabei verformt und zur Gewalt und Aggression erzogen wird.
Hauptsache, die Profite stimmen!
Kinder sind ja keine Kinder, sie sind ein Markt! Pädagogisch Wertvolles wird verdrängt, es bringt nicht so viel ein, schließlich sollen ja die Kinder später die »Waffen« kaufen.

Wir sind auch keine Menschen: Wir sind der Markt, auf dem wir zu Verbrauchern degradiert werden.
So sind viele Gütesiegel, Auszeichnungen ...geschaffen worden, die uns dann zu den »richtigen« Produkten führen sollen. Bei der Einsetzung dieser Siegel gibt es aber keine Garantie dafür, dass die derzeitige Qualität oder Zusammensetzung der vom Erteilungstag noch entspricht. Aber das macht ja nichts, Hauptsache, das Produkt verkauft sich immer weiter gut. Zudem wird immer nur ein Querschnitt bekannter Produkte in die Auswahl zur »Preisverleihung« getestet, No-Name-Produkte haben da kaum eine Chance, selbst wenn sie um ein Vielfaches besser und billiger sind als die vielfach überteuerten Markenprodukte.
Idole, Galionsfiguren werden uns vor die Nase gesetzt, die widernatürlich dürr sind. Spindeldürre Models oder muskelbepackte Männermodels transportieren die verschiedensten Werbebotschaften. Unterschwellig auch die Botschaft, wie wir auszusehen haben. Es ist aber nur den Wenigsten bekannt, dass die weiblichen Models dieses eigentlich kranke Aussehen meistens durch Hungern haben, um ihren Job zu behalten. Manche essen sogar Watte (!), um den Hunger nicht zu spüren.

– Wir werden damit beschäftigt, auf Fettpölsterchen zu achten und uns schlecht zu fühlen bei jedem Gramm, das wir zunehmen.

Aber wenn Menschen an Hunger sterben, berührt es viele nicht mehr.

Die Werbung redet uns ein, dass wir nur etwas taugen, wenn wir jung, knackig, schön und tatkräftig, dynamisch sind. So sind in dieser Gesellschaft Bewertungen für Menschen geschaffen worden, die dazu führen, dass Menschen auch noch wegen ihres Aussehens oder Alters diskriminiert werden.

> »…nichts macht schneller alt als der immer vorschwebende Gedanke, dass man älter wird.«
> G. Ch. Lichtenberg

Dass in letzter Zeit auch ältere Menschen für Werbezwecke eingesetzt werden, liegt nur daran, dass die beworbenen Produkte hauptsächlich diese Altersgruppe erreichen sollen. Ansonsten wird uns aber gesagt, dass wir zwischen dem 20. und 30. Lebensjahr nur zehn Jahre unseres Lebens (!) attraktiv sind und dass wir alles kaufen müssen, um nicht zu altern. So, als wäre es eine Schande oder eine Krankheit zu altern. Wir werden auf Äußerlichkeiten beschränkt. Wir werden unter seelischen Druck gesetzt, alles gegen das natürliche Altern zu unternehmen. Mit angeblich so wirkungsvollen Mitteln. Wer das glaubt, kann auch versuchen, die Zeit in Konserven zu füllen, um sie zu konservieren!

Die Preise für viele Erzeugnisse fallen derzeit leider nicht aus Menschenliebe.
Geiz ist geil, aber nur, damit sie uns das letzte Geld aus der Tasche ziehen können. Danach werden die Preise wieder steigen, das übliche Spiel. Alle arbeiten ehrlich, nur nicht die Reichen, sie sehen dir, uns ins Gesicht und lügen dreist dabei.

- Marktwirtschaft und Fairplay schließen einander aus!

Das »Beste« dieser Gesellschaft ist das Geld, deshalb wollen alle nur unser Bestes. Diese Gesellschaft hat das Geld in den Mittelpunkt gestellt, nicht den Menschen.

Da das so ist, täuscht uns ja die Werbung nicht, wenn sie sagt, dass sie nur unser Bestes will.

Wozu Werte, Moral? Nackte Haut macht Umsatz, nur darum geht es um Geld.

Übrigens, soviel sie sich auch bemühen, sie werden kein Produkt, kein Erzeugnis, kein medizinisches Gerät, kein technisches Gerät, kein ...finden, bei dem in dieser Gesellschaft nicht das Geldverdienen der Motor für die Entwicklung oder Weiterentwicklung und Verbreitung war und ist.

Auswirkungen der Spaßgesellschaft, ich will alles und zwar sofort. Bei all der Werbung und der dabei zunehmenden Armut muss sich niemand wundern, wenn Menschen, bei denen die Werbung so erfolgreich war, dass sie bei ihnen die Besitzwünsche geschaffen hat, sie aber nicht das Geld dafür haben, sich deswegen auf fast oder ganz illegale Art in den Besitz der Ware bringen. Zum Beispiel Musik aus dem Internet kopieren, statt sich die CD zu kaufen. Oder Filme aus dem Internet kostenlos downloaden, sodass die Filmemacher in Hollywood bereits fürchten, der Verkauf der Film-DVDs sowie die Aufführungen der Filme in den Kinos spielen nicht mehr die Gelder ein, um die Kosten zu decken. Sie fürchten, dass nicht genug Gelder eingenommen werden, um noch Gewinn zu machen.

Sie sehen: Werbung – Konsumterror – Folgen.
Kehrseite der Werbung: Sie vernichtet Arbeitsplätze, wie zum Beispiel im weitesten Sinne in der Filmbranche zu erwarten ist.
Wie Sie sehen, geht es auch hier nur um das Geld, man kommt einfach nicht drum herum in diesem System.

Der Mensch und die deutsche Gesundheitsreform 2004

Ein Schock und eine Zumutung für die Menschen.
Warum war sie nötig? Weil die uferlose Profitgier der Pharmaindustrie und anderer unersättlich ist, das hat die Kassen ganz schnell geleert. Also muss etwas Neues erfunden werden, um als »Volksvertreter« dem Volk das Geld abzunehmen.
So werden Ärzte zu Geldeintreibern für die Krankenkassen gemacht.
Welche Folgen hat die Reform? Für die Reichen keine, die sie spüren. Für die Armen kann es den Tod bedeuten. Warum? Weil Menschen, die nicht mal genug Geld für Lebensmittel haben, sich die 10 Euro Praxisgebühr nicht leisten können. Das in unserer »Wohlstandsgesellschaft«. Ganz zu schweigen von den dann noch dazukommenden 10 Euro Rezeptgebühr. Also können sie nicht zum Arzt gehen. Für sie bleibt die Praxistür zu, bis sie sich das Geld zusammengehungert haben, aber dann kann es schon zu spät sein.

Dazu kommt, dass viele Versicherungsleistungen jetzt gestrichen wurden und deswegen durch noch eine weitere Versicherung abzusichern sind. Die sind bei Privatversicherungen abzuschließen. Das grenzt Personengruppen, chronisch Kranke und Ältere aus. Diese Personengruppen bekommen bei den Privaten keine Versicherung. Die wollen nur Menschen versichern, die in die Versicherung einzahlen, aber keine Leistungen einfordern. Das ist der Regierung bestens bekannt.
Da sie aber nur die Reichen vertritt und für sie das Geld verdient, ist es ihr nur ein Achselzucken wert, was mit den Alten, Kranken und wirtschaftlich Schwachen passiert.
Und die Moral von der Geschichte?
Weil dir das Geld fehlt, du arm bist, musst du früher sterben. Nun, für den Staat ist das gar nicht so schlimm, auf die Art kann er die

in die Rentenkasse eingezahlten Gelder behalten. Und Rentenzahlungen fallen dann auch nicht an. – So kann man das Rentenproblem auch lösen. Wenn es einen Sozialhilfeempfänger trifft, ist die Ersparnis gleich doppelt.
Die Reichen und die Regierenden haben ja nichts zu befürchten, sie haben doch fette Konten.

Übrigens, viele Abgeordnete zahlen nur 20 Euro pro Jahr an Praxisgebühr, egal, wie oft sie zum Arzt gehen. Wie »bedürftig« unsere Volksvertreter doch sind: Sie schaffen sich sogar Sonderregelungen für Ermäßigungen nicht nur für medizinische Versorgung. Und nebenbei wird nachgedacht, wie Arbeitslosen und Sozialhilfeempfängern der Brotkorb noch höher gehängt werden kann. Das ist eine Schande und ein Skandal.
Damit die arbeitende Bevölkerung die Kürzungen bei den Bedürftigen gut findet, wird schell mal ein Einzelfall dazu verwendet, zu verallgemeinern und alle als Sozialschmarotzer abzustempeln. Oder es wird nachgedacht, wie man die Putzfrau kriminalisieren kann als Schwarzarbeiter, damit es ihr ja nicht zu gut geht, um an ihrer Arbeit noch mehr zu verdienen.

Nachbarschaftshilfe und Hilfe innerhalb der Familie, wie bei Renovierungen, sind schon zu Schwarzarbeit deklariert worden. Es grenzt schon an ein Wunder, dass wir noch atmen dürfen ohne dafür oder für die Luft Steuern zu zahlen. Für Regenwasser zahlen wir ja schon Abwassergebühren, nach Größe des Hofraums, auf den der Regen trifft.

Wie leicht zu erkennen ist, geht es nicht um den Menschen, sondern um das Geld. Es gibt eine soziale Ungleichbehandlung bei den Belastungen. Skrupellos werden den Schwächsten der Gesellschaft die letzten Cent aus der Tasche gezogen. Den Ärzten und dem ganzen medizinischen Personal werden die Möglichkeiten zu helfen beschnitten.

Die Bevölkerung wird nicht umfassend informiert. Kein Wunder, haben doch beispielsweise die Krankenkassenvorstände ein jährliches Einkommen von 140.000 bis 220.000 Euro, je nach Kasse.
Die Gesundheitsreform ist der Anfang vom Ende der sozialen Gesundheitsvorsorge. Der allgemeine Sparzwang im Gesundheitswesen führt zum Abbau von Betten in den Kliniken und damit zum kontinuierlichen Abbau von Personal. Somit wird einmal mehr deutlich, dass unter anderem auch Geldmangel Arbeitsplätze vernichtet.
Die Gesundheitsreform ist dabei nur ein Glied in der Kette der kommenden Kürzungen von sozialen Leistungen für die Menschen in der Gesellschaft. Die Folge wird eine allgemeine soziale Ungleichbehandlung der Menschen sein, bei stetig steigender Zahl von Betroffenen, unabhängig davon, welche Partei regiert, aber abhängig vom System der untergehenden Demokratie.

Wen vertreten unsere Volksvertreter?

Zuerst die Reichen, das Kapital, dann sich und zuletzt das Volk. Das Volk aber nur, damit sie wiedergewählt werden. Deshalb sind alle Reformen nur hartherzig und dienen dem Volk am wenigsten.
In Deutschland erlassen die Länder und Kommunen willkürlich Gesetze und erfinden fleißig neue Steuern, um ihre Kassen auf Kosten der Bürger zu füllen. Bei der Regierung heißt das Reform. Dabei sind sie blind für die Sorgen des Volkes. Sie bemerken nicht, dass sie in die ebenfalls leeren Taschen der Bürger fassen. So oder ähnlich ist es weltweit.

Der deutsche Finanzminister:
165.000 Euro + 74.000 Euro steuerfreie Bezüge = 239.000 Euro Jahreseinkommen macht pro Monat 20.000 Euro.

Der deutsche Bundeskanzler:
hat rund 220.000 Euro + 32.000 Euro Kostenpauschale + 42.000 Euro an Diäten = 294.000 Euro Jahreseinkommen
macht pro Monat 24.5000 Euro.

Leute mit diesen Einkommen wollen dem Volk, den Menschen mit durchschnittlich 300 bis 1.500 Euro Monatseinkommen erzählen, dass **sie den Gürtel nun noch enger schnallen sollen!!!**
Das ist der blanke Hohn in den Ohren des Volkes.
Das Volk wird ausgepresst wie eine Zitrone! Des Volkes Taschen sind leer. Weltweit!

Die »oberen Zehntausend« haben jede Bodenständigkeit längst verloren, sie schweben in anderen Sphären, fern jeder Realität. Sie legen wohl ihre Einkommen bei Berechnungen zugrunde.

Gemessen an den unverdienten Megagehältern, Honoraren und Abfindungen, die in der Wirtschaft gezahlt werden, sind die Gelder, die die Minister und Abgeordneten erhalten, gering, jedoch gemessen an dem Geld, welches großen Teilen der Bevölkerung zur Verfügung steht, ist es doch recht üppig, was unsere Volksvertreter für sich an Geld und Privilegien haben. Kein Mensch kann gleichzeitig ein guter »Diener zweier Herren« sein.

> »Willst du den Charakter eines Menschen erkennen, so gib ihm Macht.«
> Abraham Lincoln

Wert des Menschen – der Mensch wird nach seinem Marktwert bewertet

Der Mensch steht längst nicht mehr im Mittelpunkt. Der Tanz um das Goldene Kalb, das Geld, hat den Menschen aus dem Mittelpunkt gedrängt und ihm ein Preisschild und ein Verfallsdatum umgehängt. Der Mensch wurde zur Ware degradiert. Und zum Konsumenten – zum Verbraucher.

Arbeitskraft ist keine Ramschware. Sie wurde und wird dazu gemacht.

Geiz ist die Strategie, dem andern etwas vorzuenthalten und dabei noch zu verdienen.

Die Menschen werden entmündigt, in Deutschland stillschweigend allein durch den Eintrag in die Kartei der SCHUFA, was ohne Richter passiert! Dort steht ihr Marktwert drin! Die Menschen werden ohne ihr Wissen, geschweige denn ihre Zustimmung ausspioniert und dort eingetragen, wenn sie ihre Rechnungen nicht pünktlich gezahlt haben, auch bei geringen Beträgen, zudem stehen alle Kreditnehmer und Kreditsummen sowie das Rückzahlungsverhalten in dieser Kartei. Die betroffenen Menschen, und das dürften in Deutschland neunzig Prozent sein, sind gebrandmarkt, weil sie einen SCHUFA-Eintrag haben. Dieser Eintrag kann und wird dann willkürlich bei allen Anträgen der Betroffenen für jede Art von Kreditgeschäften verwendet oder bewertet, wie Einkauf im Versandhandel. Autokauf usw. So werden die Daten auf Anfragen der Banken und Firmen diesen mitgeteilt beziehungsweise von diesen an die SCHUFA gemeldet. Die Betroffenen wissen nicht, welche Daten konkret über sie dort gespeichert sind. Das Bankgeheimnis ist eine Farce.

Für diese Bespitzelung müssen die Bespitzelten auch noch Geld bezahlen, wenn sie eine Auskunft möchten über die dort gesammelten Daten, sie selbst betreffend. Profitables Geschäft. Die Daten ändern sich stündlich – tolle Sache; jeder weiß, dass es die

SCHUFA gibt, aber keiner weiß, was über ihn dort steht. Das ist Datenschutz. Datenschutz zum Schutz des Geldes der Reichen. Die Menschen werden kujoniert in dieser Welt.

Freiheit und Marktwirtschaft lassen sich »vereinen« wie Liebe und Hass: nämlich gar nicht.
E.T.

Die Würde des Menschen ist verloren gegangen.

- Wenn der Mangel oder das Fehlen von Geld zur Entmündigung der Menschen führt, so müssten Deutschland und alle anderen verschuldeten Staaten dieser Welt als Staat entmündigt werden!
- Die Staatsverschuldung alleine 2003 betrug 1,3 Billionen Euro (!), nur in Deutschland!

»...wenn Geld der einzige Besitz ist, dann herrscht große Armut.«
Maria-Theresia Radloff

Die Zerrüttung der Familien als Folge der zerrütteten Gesellschaft

Bei den Mächtigen werden für die Mehrung und den Erhalt der Macht des Geldes Ehen organisiert und geschlossen.

Alle Menschen haben, Vorstellungen über ihre Zukunft. Viele davon wünschen sich eine liebevolle Familie, für die sie da sind und die für sie da ist. Einer Reihe von ihnen erfüllt sich auch dieser Wunsch. Doch wie lange?

Der zermürbende Alltag und die Sorge der Menschen um den Arbeitsplatz, die Angst vor immer höher werdenden Rechnungen, Preiserhöhungen, denen der Lohn nicht mehr standhält, die Angst vor Schulden, Hektik, Stress zerstören schnell die Harmonie.
Wenn dann noch Kinder da sind, wird es noch schlimmer. Das Geld wird noch knapper und die Sorgen größer. Mütter werden angefeindet und als faul beschimpft, wenn sie ihre Kinder betreuen oder deswegen keinen Job bekommen. Mütter bekommen viel schwerer Arbeit als Frauen ohne Kinder. Mütter leisten mehr und haben es schwerer. Ihre Leistung wird nicht gewürdigt. Diese Gesellschaft ist frauen-, kinder- und familienfeindlich. Auch wenn Politiker immer wieder etwas anderes behaupten.

Unzählige Mütter und Väter jeden Alters übernehmen jeden Tag eine Arbeit, die zu den wichtigsten und gleichzeitig schwierigsten zählt, die man übernehmen kann. Eltern übernehmen eine Arbeit, für die sie nicht ausgebildet wurden. Es gibt kein Elterndiplom. Trotzdem bekommen Eltern ein oder mehrere Kinder. Sie bekommen ein Kind, einen kleinen, hilflosen Menschen. Einen Menschen, für dessen Wohl und Erziehung sie die Verantwortung übernehmen. Eltern leisten seit jeher und für jede Gesellschaftsordnung die wichtigste Arbeit: Sie sorgen unter anderem für den Fortbestand der menschlichen Art.

- Ohne Eltern gäbe es längst keinen Menschen mehr!

Dennoch, egal, wie hart die Eltern für ihre Familie und zum Wohl ihrer Familie arbeiten: Die Kinder sind alleine, all die schönen Träume von der glücklichen Familie lösen sich in Luft auf. Nicht genug damit, alle bleiben auf der Strecke und werden um ihr Lebensglück betrogen.

Kinder bis zum Alter von zirka vierzehn Jahren zu erziehen ist fast ein Kinderspiel, gemessen an dem, was dann kommt. Die eigentlichen Probleme fangen in der Pubertät an. Dann nämlich, wenn die Heranwachsenden nicht »Fisch« und nicht »Fleisch« sind, wenn sie auf der Suche nach ihrer eigenen Identität sind. Ein Alter, in dem sie nicht mehr so richtig Kind, aber auch noch nicht erwachsen sind. In diesem Alter sind sie nicht mehr zu Hause zu halten. In diesem Alter leben sie besonders in Gruppen etwa Gleichaltriger. Es ist besonders das Alter zwischen vierzehn und sechzehn Jahren, in dem durch die Jugendlichen eine »Abnabelungsphase« vom Elternhaus beginnt, eine Zeit, in der sie die bis dahin vorhandene bildgebende »Nabelschnur« zu den Eltern durchtrennen. Ein Alter, in dem sie in Gefahr geraten, jeden Halt zu verlieren oder ihn tatsächlich verlieren.
Den Erziehungsprozess erschwerend kommt dazu, dass sich Jugendliche in diesem Alter zu Hause nicht mehr verstanden fühlen.
Infolge dieses Prozesses beeinflussen sich die Jugendlichen gegenseitig mehr oder weniger stark und nicht immer zum Besten. Einige fangen an, sich sogar gegenseitig zum Schuleschwänzen zu animieren, an die möglichen Folgen, wie etwa fehlender Schulabschluss, bedingt dadurch noch weniger Chancen für einen Ausbildungsplatz, geringere Chancen später auf Arbeit, denken sie dabei gar nicht. Jugendliche sowie junge Erwachsene zwischen sechzehn und sechsundzwanzig sind am gefährdetsten, kriminell zu werden. In den Gruppen werden zusammen Dinge ausgeheckt, um gegen

die oft vorherrschende Langeweile oder als Auflehnung gegen die Eltern und deren Vorgaben etwas zu tun, um einen »Kick« zu haben. Sie organisieren Partys, die sie den Eltern als harmlose Zusammenkünfte mit Musik hören »verkaufen«, aber von den legalen sowie illegalen Drogen, die dort verschenkt werden, erfahren die Eltern frühestens, wenn sie bei ihrem Kind gravierende Verhaltensveränderungen bemerken, die nicht mehr nur mit pubertärem Verhalten zu erklären sind. Gewalt untereinander und gegenüber Dritten hält Einzug in die Gruppen, so werden aus Opfern Täter.

Auch die beste Erziehung ist da kein garantierter Schutz, denn es ist nur eine Frage der Zeit, bis auch gut erzogene Kinder schwach werden und dem Gruppendruck folgend die Drogen probieren. Oder sie nehmen die Drogen, weil der Freund, die Freundin welche nehmen. Werden sie dann noch abhängig von Drogen, gleich welcher Art, beginnt spätestens da für viele an dieser Stelle die kriminelle »Karriere«. Wieder andere haben durch die Drogen keinerlei Zukunft mehr, denn sie sind mit zwanzig Jahren schon körperlich und geistig völlige »Wracks«.

Da werden in den Gruppen so genannte »Mutproben« ausgeheckt, die nicht im entferntesten etwas mit Mut, sondern vielmehr mit Dummheit und Unreife zu tun haben. Diese Taten sind, egal, wie erwachsen sich die Täter vorkommen, der Beweis völliger Unreife. Sie können nicht schnell genug erwachsen werden und glauben auf diese Art beweisen zu müssen, wie erwachsen sie sind. Dabei bemerken sie nicht, wie sehr sie gerade dadurch in Wirklichkeit ihre Unreife dokumentieren.

Keine Chance, dass die Erziehungs- und sonstigen Leistungen der Eltern von der Gesellschaft anerkannt werden, im Gegenteil: Eltern werden von der Gesellschaft zu Sündenböcken gemacht. Für alle Schwierigkeiten, die scheinbar ihre Kinder in der Gesellschaft verursachen.

- Wenn Kinder oder Jugendliche in der Schule schlechte Leistungen bringen, heißt es sofort von den Lehren und der Schulverwaltung: Die Eltern sind schuld.
- Wenn eine erschreckende Anzahl Kinder oder Jugendliche schwerwiegende emotionale Probleme entwickeln, heißt es sofort von Psychologen: Die Eltern sind schuld.
- Wenn immer mehr Kinder und Jugendliche zu Rauschgiftsüchtigen werden oder Selbstmord begehen, heißt es: Die Eltern sind schuld.
- Wenn immer mehr Kinder und Jugendliche kriminell werden, heißt es sofort von den Politikern: Die Eltern sind schuld.
- Und die, die selbst keine Kinder haben, schreien am lautesten: schuldig!

Keine Frage, Eltern haben Verantwortung, aber Eltern sind nicht alleine an der Entwicklung ihrer Kindern beteiligt. Darüber spricht keiner, wenn er Eltern anschuldigt. Die Gesellschaft formt die Kinder zu einem wesentlichen Teil mit, Kinder sind Teil dieser Gesellschaft.

Würden Mutter, Vater, Kind allein auf einer einsamen Insel leben, und das Kind würde sich nicht wie erwartet entwickeln, dann – und nur dann – könnte man sagen: Die Eltern oder ein Elternteil sind schuld.

Wie gesagt Erziehungsarbeit ist eine der schwersten Arbeiten, hinzu kommt noch, dass sie vielfach von den Müttern alleine bewältigt werden muss, weil die Väter oft nur gönnerhaft zusehen. So sagt man Eltern, meint aber die Mütter.

Erziehung ist Arbeit. Wer aber zahlt den Eltern, vorwiegend den Müttern, für diese Arbeit ein Gehalt?

Eltern sind keine geschulten Psychologen, es sei denn, es ist ihr Job. Eltern haben kein Diplom, genauso wenig wie die Kinder, um immer alles richtig zu wissen und zu machen. Eltern handeln emotional, nach ihrem Wissen aus Überlieferungen von früheren

Generationen. Eltern sind ebenfalls Teil dieser Gesellschaft und deren Zwängen unterworfen. Eltern, Mütter sind einem Erwartungsdruck ausgesetzt.

Zurück zu den Eltern und dem Traum vom Familienglück. Keine Chance, dass es die Eltern den Kindern recht machen, und keine Chance, dass es die Kinder den Eltern recht machen. Jeder fühlt sich bei der Bewältigung des Alltags vom anderen im Stich gelassen und überfordert. Und sie sind auch meistens überfordert. Eltern haben nach schweren Nerven aufreibenden, problembeladenen Arbeitstagen kaum noch Kraft oder Nerven sich den Problemen der Kinder anzunehmen. Die Kinder haben ein natürliches Bedürfnis und ein Recht auf die Zuwendung, die Aufmerksamkeit ihrer Eltern, aber die Eltern sind durch zu viel Arbeit ausgepowert und können sie ihnen kaum geben. Vieles wird zwischen Tür und Angel »abgearbeitet«. Kinder missdeuten das Verhalten ihrer Eltern und fühlen sich »nicht angenommen«. So perfekt wie Mütter auch immer alles zu »managen« suchen, in welchem Umfang es ihnen gelingt, hängt von ihrer eigenen Konstitution sowie eben auch immer vom Faktor Zeit ab, der ihnen zur Verfügung steht. So sind weitere Konflikte vorprogrammiert.

Übrigens: Laut Unterlagen der Kinderhilfsorganisation UNICEFF sterben pro Tag allein in Deutschland zwei Kinder durch Misshandlungen, die ihnen von ihren Eltern oder Stiefeltern zugefügt werden. Ebenso sterben täglich pflegebedürftige Eltern an Misshandlungen oder fehlender Fürsorge durch ihre Kinder.

Die Menschen fühlen sich schlecht und als Versager. Sie können den täglichen Druck, der von allen Seiten auf sie ausgeübt wird, nicht ertragen. Das tägliche Arbeitspensum und der Druck haben unerträgliche Ausmaße, denen sind die meisten Menschen nicht mehr gewachsen.

- **Druck, Druck, Druck, jeder bekommt Druck!**
- **Wo bitte ist die vielgepriesene Freiheit?**

Menschen verfallen in Resignation.

Viele denken, Alkohol oder andere Drogen seien dann das »Allheilmittel«.
Die Alkoholindustrie nutzt die seelische Not der Menschen aus und macht den Konsum von Alkohol gesellschaftsfähig, sie sponsert Filme, in denen ihre Produkte von Leinwandidolen getrunken werden; diese unterschwellige Botschaft soll uns »erziehen«, die Gefahr wird verniedlicht und verharmlost mit allerlei Sprüchen, die sie in Umlauf bringt, wie:
Ein ganzer Mann muss auch was vertagen, eine Flasche ist kein Alkohol, das macht doch jeder, das ist doch nicht so schlimm, das gehört dazu …
Die Zeit, die vergeht, bis ein Mensch alkoholsüchtig ist, ist bei jedem Menschen anders. Ob sie auf dem besten Wege süchtig zu werden sind oder es sogar bereits sind, erkennen sie an den immer kürzer werdenden Intervallen, in denen sie Alkohol trinken, bei stetig steigenden Mengen. Sie finden dann auch täglich neue Ausreden, um sich und anderen etwas vorzumachen. Es gibt viele verschiedene Formen von Alkoholismus; wenn es Sie interessiert, fragen Sie Ihren Arzt oder in einer Suchtberatungsstelle.
Die Industrie freut es und die Staatskasse auch, da die Zahlen der Alkoholkranken ständig steigen. Die Familien und die Menschen vernichtet es. Die Persönlichkeit fällt der Sucht schleichend zum Opfer.

Aber auch ohne den Einfluss von Alkohol oder anderer Drogen oder Süchten halten viele Familien der Dauerbelastung nicht stand, die Nerven liegen »blank«, Zank und Streit vernichten alle positiven Gefühle und am Ende die Beziehungen. Das Geld hat gewonnen, die Menschen haben verloren.

Übrigens, wann gibt diese Gesellschaft zu, dass Drogensüchtige Opfer sind? Opfer dieser Gesellschaft! Opfer dieses Gesellschaftssystems.

- Welchen Sinn macht es, jeden Tag aufzustehen und mit seiner Arbeit dafür zu sorgen, dass die Reichen, reicher und mächtiger werden, wenn man damit nur dafür sorgt, die eigene Existenz (z. B. Firmenpleiten durch Konkurrenzkampf) und seine Familie zu verlieren?
- Welchen Sinn macht es, wenn durch die eigene Arbeit, Firmen vernichtet und Imperien geschaffen werden, die die Armut vergrößern und weiterverbreiten?
- Welchen Sinn macht es, nicht mehr angestellt zu sein und eine Firma zu gründen, jahrelang darin und dafür zu schuften, damit sie dann den Mächtigen durch einen nicht erhaltenen oder nicht pünktlich zurückgezahlten Kredit oder andere nicht beeinflussbare Umstände doch in die Hände fällt oder wieder vernichtet wird?

Der Zerfall der Gesellschaft und der Moral zeigt sich unter anderem auch in der ständigen Zunahme von Delikten aller Art sowie im stetigen Ansteigen der Schulschwänzer bei Kindern und Jugendlichen. In einigen Bundesländern Deutschlands ist inzwischen die Polizei mit der Zuführung von Schülern in den Unterricht befasst. Lobenswert der Einsatz der Polizeibeamten, leider lösen sie nicht das eigentliche Problem.
Es ist dramatisch, dass Kinder keinen Sinn in schulischer Bildung sehen, aber zu verstehen in diesem System bei ständig zunehmendem Arbeitsplatzmangel und der damit verbundenen steigenden Arbeitslosigkeit. Dass sie Standpunkte haben wie: Wozu muss ich lernen, muss ich die Arbeitslosigkeit lernen? So verwundert es wenig, wenn es inzwischen in Deutschland, einem so genannten reichen Land, bereits etwa 4 Millionen Analphabeten gibt. Der Zerfall der Gesellschaft zeigt sich auch bei Lehrern, die ihre Schü-

ler häufig als lästige Plage sehen oder aber auch Angst vor ihren Schülern haben.

Ferner zeigt sich der gesellschaftliche Zerfall in dem Paradoxon, das junge Männer, um zu leben, zum Militär gehen, um das Töten zu lernen und im Kriegsfall auch selbst getötet werden zu können, weil sie sonst nicht wissen, wie sie Geld verdienen sollen, ohne Job, bei der ständigen Vernichtung von Arbeitsplätzen in allen Bereichen, wobei selbst das Militär (in Deutschland) die Zahl der Soldaten reduziert.

Der weit fortgeschrittene Zerfall der Gesellschaft zeigt sich auch in den ständig wie Pilze aus der Erde kommenden und sich wie ein Myzel weit verzweigenden und ausbreitenden Süchten. Alte und neue Süchte sind weltweit auf dem Vormarsch. Die Süchte machen sich nicht nur in einer gesellschaftlichen Gruppe breit, sondern unter allen Menschen, in allen Gesellschaftsschichten. Sie sind meist das äußere Zeichen für innere seelische Probleme.

Diese und alle derzeit auf der Welt vorherrschenden Gesellschaftsordnungen machen die Menschen krank, sie machen sie krank durch die gesellschaftliche Ausrichtung auf das Geld: Alle Menschen sind Sklaven des Geldes.

Ich kann hier nicht alle Zivilisations- und gesellschaftsbedingte Krankheiten aufzählen, dafür sind es zu viele. Ich werde mich darauf beschränken, nur einige der alten und neuen Süchte zu benennen:

Alkoholsucht, Nikotinsucht, LSD-Sucht, Spielsucht, Esssucht, Sportsucht, Sexsucht, Sucht nach Schönheitsoperationen und so weiter und so weiter …Sicher fallen Ihnen dazu auch noch ein paar weitere Beispiele ein. Und alles, alles für und durch das Geld.

Hier nur eins von Hunderten möglichen Beispielen von bewusst geschaffener Sucht, einer »Goldmine« für die »Macher«. Geschaffen um durch das Leid, welches zweifelsfrei durch Sucht entsteht, den Menschen das Geld aus der Tasche zu ziehen: Fitnessstudios.

Wir alle kennen sie oder haben schon mal davon gehört. Die Betreiber errichten ja keine wohltätigen Einrichtungen, um zur Volksgesundheit beizutragen; so wie alles ist auch das reine Geldmacherei, obwohl die Werbung den Leuten etwas anderes erzählt, sportliche Aktivitäten werden übertrieben und entwickeln sich zur Sucht. Dabei wird den Menschen noch allerlei Vielversprechendes an Drinks mit angeblich wundertätigen Ingredienzien, Riegeln und anderes Zeug verkauft, wobei die Versprechungen in der Werbung meist das einzig Hilfreiche sind. Allein das ist ein weltumspannender gigantischer industrieller Wirtschaftszweig zum Abzocken, Ausbeuten der Menschen.
Hier wird skrupellos der Wille der Menschen für ihren Körper, für ihre Gesundheit, sportlich aktiv zu sein, sosehr angeheizt, dass sich die sportliche Aktivität aus dem Rahmen des für den Körper Hilfreichen weit hinausbewegt. Aber genau das bringt den Profit.

> »Das Verhängnis unserer Kultur ist, dass sie sich materiell viel stärker entwickelt hat als geistig.«
> Albert Schweitzer

Sport und seine Funktion

Der Sport ist eine ganz tolle Sache, wenn er denn nicht auch nur ein Geschäft wäre. Weltmeisterschaften, Olympiaden und so weiter ..., alles längst nicht mehr des olympischen Gedankens, des friedlichen Kräftemessens wegen organisiert. Der Sport wird gleich mehrfach missbraucht. Zum einen natürlich ist er selbst, wie schon gesagt, ein Milliardengeschäft. Da werden Olympiastätten gebaut und anderes mehr, da fließen Schmiergelder, und es zerfleischen sich die »Investoren« um Zuschläge bei Großprojekten. Der Sport, besser der Sportler fesselt und zieht Milliarden Menschen in seinen Bann, die dann natürlich nicht über ihre Not, die Politik und das Weltgeschehen reden.

Die Menschen haben ein Ventil, sich anders abzureagieren, und genug Gesprächsstoff, der den Mächtigen, ihre politischen Pläne nicht durchkreuzt.

Um sportliche Leistungen und Höchstleistungen zu bringen, leben Sportler sehr gesundheitsbewusst, so lange sie keine Dopingmittel nehmen.

Aber gerade der Sport kurbelt, wie paradox, bei den Zuschauern auch tüchtig den Verkauf und Konsum von Alkohol und Zigaretten und anderen Produkten an. Damit eine noch breitere Menge von Menschen ihr Geld dieser Industrie geben, müssen alle auch fleißig Sportprodukte kaufen. Es gibt viele Möglichkeiten, ohne Sportgeräte Sport zu treiben aber wir werden durch eine Industrie dazu manipuliert, teure Sportgeräte zu kaufen.

Der Untergang der Kultur als Spiegelbild der untergehenden Gesellschaft/Demokratie

Anekdote:

Während einer Gerichtsverhandlung im Prozess gegen Ruskin fragte der Vorsitzende den Maler und Grafiker James McNeill Whistler: »Können Sie den Herren Geschworenen klarmachen, was Kunst ist?« Whistler klemmte das Monokel ein, musterte die Geschworenen der Reihe nach und sagte: »Nein.«

Mozart, Bach, Händel, Strauss, Goethe, Charles Dickens, Leonardo da Vinci, Michelangelo und andere mehr würden sich im Grabe herumdrehen, wenn sie den Zerfall der Kultur miterleben müssten. Kultur, die immer Ausdruck der vorherrschenden Geisteshaltung einer Gesellschaft ist. Wenn für kulturell Wertvolles, wie Museen und Theater, Bibliotheken und ähnlich wertvolles Kulturgut, keine Gelder mehr zur Verfügung gestellt und diese Kulturstätten geschlossen werden, so ist das ein Skandal! Und ein weiterer Beweis für die Prioritäten, die diese Gesellschaft setzt.
Nicht der Mensch, seine Bildung, sein Wohlbefinden, sondern nur das schnelle Geld sind wichtig.
Ungebildete Menschen lassen sich jeden Schwachsinn als Kunst verkaufen, selbst wenn man ihnen getrockneten Kot in Folie verpackt verkauft, finden sie es noch super, welche Kunst.

So verwundert es nicht, dass zum Beispiel der »Grand Prix d'Eurovision« zu einer traurigen »Klamauk-Lachnummer« verkommt. Es wundert auch nicht, dass ein Deutscher Ex-Sänger, Dieter Bohlen, sich als Experte und Schiedsrichter der Nation über musikalisches Können oder Nichtkönnen aufspielt. Dass seine überwiegend subjektive Meinung als Maßstab gilt. Beispiele für negativ Entwicklungen der Kunst gibt es leider zunehmend mehr. Das Gute dagegen muss man schon fast mit der Lupe suchen.

Filme sind seit geraumer Zeit immer mehr zu brutalen, grausamen, blutrünstigen, gewaltverherrlichenden Schund ohne Sinn und Verstand verkommen. Es sieht so aus, als würden die Filmemacher um die Produktion der blutigsten und grausamsten Filme wetteifern. So dreht sich die Gewaltspirale immer höher, sonst gibt es scheinbar keinen »Kick« mehr.
Sie überschwemmen die Videotheken, das Internet, die Fernsehprogramme und Kinos. Je brutaler, umso mehr Geld spielen sie ein. Und wir finden das »normal?« Kein Wunder, dass die Jugend und damit die Gesellschaft zunehmend verroht.
In wie viel Generationen finden wir es dann »normal«, wenn nur noch »schlagende« Argumente und Waffen zählen?

Wenn es die Oscar-Verleihungen nicht gäbe, wüsste man nicht mal, dass es auch noch inhaltlich wertvolle Filme gibt, weil sie so selten geworden sind. Zudem werden solche inhaltlich wertvollen Filme kaum noch gezeigt. Sie verschwinden nach wenigen Aufführungen in Archiven, als müsste man sich dafür schämen. Dafür werden aber die wirklich schämenswerten Filme pausenlos wiederholt!

Womit spielen unsere Kinder? Was sind die Renner?
Computerspiele mit zunehmender Gewalt! Es gibt Belohnung für das Töten von Menschen und Tieren, je mehr man umbringt, umso größer die Belohnung.
Was ist ein Menschenleben wert? Geld ist der einzige Wert, der Profit aus dem Verkauf dieser Produkte.
Oder ist das auch gleichzeitig schon die Vorbereitung der Menschen auf Bürgerkriege, Hunger und Plünderung bei dem unmittelbar bevorstehenden Ende der Welt?

Es ist längst keine Frage mehr, ob das Ende der Welt kommt, sondern nur noch, wann es geschehen wird. Und die Zeit verrinnt immer schneller. Die Zeit, die wir haben, um alles zum Besseren zu wenden, ist knapp, sehr knapp.

Natur und Profit

Kaum einer kann von sich behaupten, dass er nicht weiß, mit welcher Skrupellosigkeit unser Planet ausgebeutet wird.
Für diejenigen, die es nicht wissen, hier einige Beispiele. Da ist also der Regenwald, er ist seit Jahrmillionen für unser Klima »hauptverantwortlich«.
Wie wichtig sein Erhalt ist, ist in etlichen Studien belegt.
Dennoch wird täglich pro Sekunde die Fläche eines Fußballfeldes gerodet. Bis jetzt sind schon drei Viertel der Regenwälder vernichtet und damit der Lebensraum vieler auch vom Aussterben bedrohter Tiere, die damit ebenfalls unwiederbringlich ausgerottet werden. Spätestens in zwanzig bis dreißig Jahren wird es keine Regenwälder mehr geben.

Die Meere werden auf der einen Seite überfischt und auf der anderen Seite mit chemischen Industrieabfällen vergiftet. Sie sind kaum noch in der Lage, sich selbst zu reinigen. Eine Folge daraus ist, dass wir die krank machenden, tödlichen Gifte über die Fische zu uns nehmen, die uns als Nahrung dienen.
Treibgase und andere von der Industrie verursachten Gase zerstören die Schutzhülle unseres Planeten. Die globale Erwärmung, die durch das Ozonloch in unserer Erdatmosphäre ständig zunimmt, bringt bereits heute große Teile der Polkappen zum Schmelzen. Die dabei entstehenden Wassermassen werden am Ende dieser Entwicklung ganze Städte im Meer verschwinden lassen.
Darüber hinaus ist der Golfstrom durch das ihm zugeführte polare Gletscherwasser, also kaltes Süßwasser, in ständiger Abkühlung befindlich, was letztendlich auch seine Auswirkungen auf das globale Klima haben wird.
Bereits heute schmelzen täglich Eisberge in Größenordnungen, deren Wasser ausreichen würde, um Städte wie New York über lange Zeit komplett mit Wasser zu versorgen! Wie gesagt: Dieses kalte in den Golfstrom fließende Wasser führt zur Abkühlung

seiner selbst und damit zu einer weltweiten katastrophalen Klimaveränderung.
Warnende Stimmen von Wissenschaftlern, Fachleuten (!), die sich mit diesem Problem befassen, werden immer noch von den verantwortlichen Politikern und Reichen bagatellisiert, ignoriert. Wie lange noch? Die Warnungen geraten auch sehr schnell bei der Bevölkerung im täglichen »Alltagskampf« der Menschen in Vergessenheit.
Dabei kann/wird diese Entwicklung bereits in zirka zwanzig (!) Jahren einen Kollaps für den Golfstrom und damit für das globale Klima zur Folge haben.
Große Teile Nordwesteuropas hätten dann Eisregen, Schnee und Temperaturen von minus 20 °C als künftiges »normales Wetter« zur Folge. Weitere Folgen wären dann verheerende Dürren, Katastrophen in Asien, was wiederum zu einer Völkerwanderung in Europa und Asien führen würde, da keine Felder mehr bewirtschaftet und somit keine Lebensmittel mehr produziert werden könnten. Um nur einen Teil der gravierenden Auswirkungen zu nennen.
Es gibt wissenschaftliche Computermodelle (nicht nur im Pentagon), mit denen bereits genau das nach Eingabe aller derzeitigen Fakten vorausgesagt wird! Wohlbemerkt – das, was heute noch Computermodelle sind, wird nicht irgendwann in diesem oder im nächsten Jahrtausend in ferner Zukunft passieren, sondern bereits in zirka zwanzig Jahren!

Wir leben, als würden wir ewig leben, als würde alles für immer so weitergehen, als könnte nicht jederzeit etwas geschehen, dass alles verändert. Das Endzeitszenario, die Apokalypse, wie es in einigen Hollywoodfilmen zu sehen ist, ist keine Erfindung der Filmemacher. Wie gesagt: Namhafte wie unbekannte Wissenschaftler und Meteorologen warnen schon seit Jahrzehnten(!) davor.

Der Anfang vom Ende hat schon begonnen! Viele Anzeichen sind doch schon da! Außer dem bereits stattfindenden Abschmelzen

der Polkappen sind auch andere »Boten« zu beobachten, wie Tornados in Regionen, wo sie üblicherweise nicht vorkommen, die ersten unüblichen Hitzewellen, Dürre, Kälteeinbrüche, Hurrikans, Flutwellen, Regenmengen, die wolkenbruchartig Hochwasser bringen, Erdrutsche, Schlammlawinen, sogar Erdbeben werden durch den Menschen ausgelöst. Selbst Klimazonen verschieben sich bereits.
All das sind Auswirkungen der Ignoranz und Habgier der Reichen. Die, um weiter Profit zu machen und zum Beispiel mit Möbeln aus Regenwaldhölzern zu wohnen, die Natur und den natürlichen Schutz unserer Welt irreparabel vernichten. Nicht zu vergessen: alle Schäden durch Treibgase, Treibgase, die durch verantwortungsloses Handeln in die Atmosphäre »entsorgt« werden. Sie sind für die stetige Erwärmung der Erdatmosphäre verantwortlich. Aber auch durch Menschen, die in Folge ihrer Unwissenheit, Menschen verurteilen, die für den Schutz unserer Welt kämpfen, wird dieser Prozess ermöglicht. Denn trotz dieser verheerenden Auswirkungen auf unser aller Leben läuft die Industrie der Hauptverursacher dieser Treibgase noch Amok gegen Klimaschutzprogramme. Das sogar mit Erfolg – sie verhindern alle ihren Interessen, dem Profit zuwidergerichtete Programme.

Allein 2003 haben durch diese von Menschen gemachten »Natur«-Katastrophen weltweit Millionen Menschen das Wenige verloren, was Sie sich mühselig in oft lebenslanger Arbeit geschaffen hatten. Sie haben alles verloren, auch ihre Familien. Welche Beobachtungen haben Sie selbst in letzter Zeit dazu machen können oder sind Sie gar selbst betroffen?
Die Armen sind es, die den Luxus und die Macht, den Profit der Reichen als Erste mit ihrem Leben bezahlen!

- Wir selber sind ein Stück Natur, nur ist das den meisten Menschen aus dem Bewusstsein entrückt.
- Wenn wir die Natur vernichten, vernichten wir unseren Lebensraum und uns.

Durch BSE, Vogelgrippe, Hühnerpest, Schweinepest, Ebola, SARS und andere Seuchen mehr wird die Tatsache, dass wir selbst ein »Stück« Natur sind, auf beängstigende Art vielen für kurze Zeit wieder ins Bewusstsein gerückt.
Dabei sind BSE und andere Seuchen nur ein Preis für die Geldgier.

Uns, den modernen Menschen, gibt es erst seit zirka 40.000 Jahren. Und nur etwas mehr als 2.000 Jahre nach Christi Geburt und seines Opfertodes sorgen die Menschen dieses Jahrhunderts dafür, dass 2,5 Millionen Jahre menschliche Entwicklungsgeschichte jetzt zu Ende gehen!
Wir sind und werden es sein, durch die die Menschheit in absehbarer Zeit auf die eine oder andere Art vernichtet wird.
Nach der unverfälschten darwinschen Lehre überlebt der, der sich am besten anpasst. Was bedeutet: Nicht die Natur muss sich uns anpassen, sondern wir uns der Natur!

> »Nichts ist ‚ewig', weder in der Natur noch im Menschenleben, ewig ist nur der Wechsel, die Veränderung.«
> August Bebel

Völkerwanderung heute

Seit es Menschen gibt, sind sie unterwegs, unterwegs nach Lebensräumen, in denen es Nahrung gibt. Bekanntlich ist es heutzutage mehr denn je nicht möglich, sich ohne Geld zu ernähren, zu leben.
Länder, in denen die wirtschaftliche Not besonders groß ist, bieten für die dort lebenden Menschen keine Überlebensperspektiven. Folglich sehen sich die betroffenen Not leidenden Menschen nach Ländern um, in denen sie noch Arbeit bekommen können, um sich und ihre Familien ernähren zu können. Mit der drastisch zunehmenden Verarmung der Weltbevölkerung werden auch die Flüchtlingsströme zunehmend größer. Im Übrigen wird durch Dürre- und andere Katastrophen (zum Beispiel: Afrika) dieser Prozess nur noch mehr forciert. Oft sind diese armen Länder von Dürrekatastrophen heimgesucht, die durch die reichen Länder, deren Umweltverschmutzung verursacht wurden. Die gleichen also, die die Erwärmung der Erdatmosphäre und damit verbundenen globalen Klimaveränderungen ausgelöst haben. Auch die zunehmende Modernisierung und der rasante Fortschritt der Technik, der damit zusammenhängende Wandel der Wirtschaft/Weltwirtschaft und der somit verbundene globale Abbau von Arbeitsplätzen werden in den nächsten Jahren eine Völkerwanderung in einem in unserer Zeit nicht gekannten Ausmaß zur Folge haben.

- Kein Land dieser Welt wird von dieser Entwicklung verschont bleiben. Auf die eine oder andere Art sind/werden **alle** Länder davon betroffen sein!

Bereits heute sind täglich weltweit Millionen Menschen auf der Suche nach Asyl und Arbeit. Diese Menschen verlassen ihre Heimat nur aus einem Grund: aus Not – wirtschaftlich oder politisch. Diese in Not geratenen Menschen kratzen ihr letztes Geld zusammen oder hungern unter noch größeren Entbehrungen sich das

Geld zusammen, um die Fahrkosten sowie die Schlepper bezahlen zu können.
Tausende von ihnen sterben auf der Flucht.
Eine Schande für die »menschliche« Gesellschaft, dass mit der Not der Menschen noch Geschäfte gemacht werden. Diese Geschäfte werden nicht nur von Menschen in organisierten kriminellen Strukturen begangen, sondern legal auch von Regierungen, indem sie Gesetze erlassen, die die Menschen nach ihrem Marktwert behalten oder abschieben. Menschen werden nach Berufen und Bedarf sondiert wie Ware. Noch so blumige Umschreibungen in den Gesetzen ändern nichts an der menschenverachtenden Praxis.

Die täglich zunehmende Völkerwanderung der heutigen Zeit ist nicht durch Gesetze aufzuhalten. Schon gar nicht, wenn schon in zirka zwanzig Jahren ganz Nordeuropa, England, Deutschland usw. aufgrund von sibirischen Verhältnissen mit Dauerfrost Dürre haben. Dann, wenn es nicht allein an Arbeitsplätzen fehlt, sondern auch die Produktion von Nahrung nicht mehr möglich ist, wird die Völkerwanderung sich in Größenordnungen von Milliarden Menschen bewegen! Die Völkerwanderung wird noch flächendeckender, Kontinente übergreifend und blutig sein.

Was wollen wir mit diesen Menschen machen? Wollen wir sie wie Verbrecher behandeln? Wollen wir sie verurteilen, weil sie menschenwürdig leben wollen? Wollen wir ihnen ihr Recht auf Leben verwehren? Wollen wir sie verdammen, weil sie aus dem Elend heraus wollen und nicht verhungern wollen? Dieses Elend steht uns allen bevor, nicht erst in ferner Zukunft, nein, unmittelbar in der Realität! Das Elend steht schon heute in der Tür oder ist bereits ungefragt und ungebeten in die so genannten reichen Länder eingezogen! Das Elend macht sich immer mehr breit. Der soziale Abbau ist nicht mehr zu verhindern und nicht mehr zu verschleiern. Und keine noch so raffinierten Regierungsprogramme können das verhindern! Das Elend und die Geringschätzung des

Menschen werden auch durch die Tatsache verdeutlicht, dass das Rentenalter auf siebzig Jahre angehoben wird.
Dass heute schon viele Rentner, besonders in Amerika, sich nicht im Alter zur Ruhe setzen können, sondern noch in hohem Alter von über siebzig Jahren trotz Altersschwäche oder/und Krankheit pro Tag in zwei bis drei Jobs arbeiten müssen, um einigermaßen ihren Lebensunterhalt zu sichern, zeigt zum einen keinen Respekt vor der Lebensleistung der Menschen. Es zeigt, wie respektlos Menschen, besonders alte Menschen, behandelt werden – zum anderen den sozialen sowie gesellschaftlichen Abbau.
Wer heute noch jung ist und sagt, was geht mich das an (?), der sollte nicht vergessen, dass er morgen der alte Mensch ist, der respektlos behandelt wird.
Die Regierungen können nur daran etwas ändern, wenn sie sich entschließen würden, das Geld abzuschaffen. Wenn wir sie dazu zwingen und selbst dabei mitwirken, eine neue Weltordnung zu schaffen.
Nur durch die Vernichtung des Diktators Geld ist diese weltumspannende menschliche Katastrophe zu stoppen und ein für alle Mal zu beseitigen!

- Das Geld hat alles Böse ausgelöst.

Vom Geld ist es abhängig, wie und ob wir leben. Befreien wir uns davon. Befreien wir uns von der Abhängigkeit, in die das Geld die Menschen brachte. Gönnen wir auch den alten Menschen ihren Ruhestand, Ruhestand ab fünfzig Jahren. Sichern wir für alle Menschen ein sorgenfreies Leben. Leben in Wohlstand. Ein menschenwürdiges Leben für jeden Menschen zu jeder Zeit an jedem Ort der Welt.

Wir brauchen keinen Umbau und Zusammenschluss von Armeen. Umbau von Armeen zeigt zum einen die Geldnot der Regierungen und zum anderen die vorgesehenen Aufgaben. Wer soll vor wem verteidigt werden?

Verteidigung wozu? Wir brauchen keine Streitkräfte, um den Frieden zu erhalten. Friedenssicherung braucht keine Armeen, sie braucht nur die Abschaffung des Diktators Geld. Wir brauchen keine Unterwerfung. Wir sollten uns nicht länger von dem Diktator Geld unterwerfen lassen. Wir sollten uns nicht von ihm um ein garantiertes menschenwürdiges Leben für alle Menschen bringen lassen.

- Menschliches Leben, Unversehrtheit des Lebens und Freiheit sind das Wertvollste, das ist nicht verhandelbar!

Vor allem die Kinder und Jugendlichen sollten mit dem volksverdummenden, volksverrohenden Gewaltspielen aufhören und sich ihre **unmittelbare**, nicht irgendeine ferne Zukunft sichern! Sichern, indem sie sich von der Konsum- und Spaßgesellschaft abwendet und sich ernsthaft mit Bildung, Politik und Wirtschafts- und Gesellschaftsmechanismen beschäftigt. Die Kinder und Jugendlichen sind die Zukunft der Welt. Wenn sie es denn schaffen, gemeinsam mit allen Nationen und allen derzeitigen Generationen die Welt zu retten. Zu retten vor dem garantierten Untergang, auf den sie derzeit zurast (!), dann gibt es keine Zukunft mehr, für niemanden!

Das letzte Lied der Erde hat längst schon angefangen …

Wie es funktioniert, die Menschheit zu retten, habe ich in diesem Buch im Kapitel »Die zwei Möglichkeiten der Menschheit …« beschrieben.

Die NASA und ihre eigentliche Aufgabe

Der Wunsch des Menschen zu fliegen, zu den Sternen zu reisen, den Himmel zu erforschen ist uralt. Aber erst seit dem ersten erfolgreichen Start des russischen Sputniks 1957 mit der Schäferhündin Laika an Bord rückte diese Möglichkeit zum ersten Mal in greifbare Nähe. Ein weiterer Meilenstein der Eroberung des Weltalls war der erste Mensch im All, der russische Kosmonaut Juri Gagarin.
Es entbrannte ein erbitterter Wettkampf zwischen den Supermächten USA und der damaligen Sowjetunion. In den letzten fast fünfzig Jahren wurden auf diesem Gebiet, wie jedem bekannt ist, auf beiden Seiten große Erfolge erzielt.
Ich will mir an dieser Stelle ersparen, alle aufzuzählen.
Jedenfalls ist die Weltraumfahrt heute schon so weit, dass sie schon problemlos zum Mond kann.

Aber so harmlos, wie wir uns das vorstellen, ist die Erforschung des Mondes nicht. Es geht längst nicht mehr um reine Forschung, um Erkenntnisse zu sammeln und um das All zu begreifen. Es geht nicht mehr nur darum, Aufschlüsse über die Entstehung des Sonnensystems zu liefern.

Nein, Sie ahnen es vielleicht: Es geht schon lange um Geld und Macht. Man sucht auf dem Mond und allen erreichbaren Planeten nach Bodenschätzen. Natürlich für die Reichen. Der Mond soll bewohnbar gemacht werden, damit er ausgebeutet werden kann. Entsprechende Pläne werden schon seit zirka fünfzehn Jahren erarbeitet, manche sind noch viel älter.

Es gibt Pläne in zirka sieben bis zehn Jahren, schon mit der Kolonialisierung des Mondes zu beginnen, sofern Forschung und Entwicklung der Raumfahrt das zulassen; und man bis dahin Wege gefunden hat, mit den Naturkräften des Mondes umzugehen, und einen Weg gefunden hat, dort Wasser zu finden oder zu erzeugen.

Auf zum Mond, wenn die Erde zerstört ist. Aber Achtung! Es werden nur Sklaven und Reiche mitgenommen. Der Rest der Weltbevölkerung kann dann auf dem Wüstenplaneten Erde sterben.
Bis dahin sucht man fieberhaft nach Wasser und anderen bewohnbaren Planeten, **um die Dynastie der Macht auf diese auszudehnen.**

Aufbruch zum Mond, zum Mars, zu den Sternen ...

Die Reichen haben längst Pläne, unsere Erde zu verlassen, deshalb ist es ihnen egal, wie die Natur und der Lebensraum Erde vernichtet werden. Sie müssen uns nur lange genug in unserer Pseudosicherheit wiegen, damit wir nicht ihre Pläne vereiteln. Sie lassen uns von den Forschungsergebnissen nur das wissen, was ihnen selbst nützt. Übrigens verschweigen uns die Regierungen auf allen Gebieten im Allgemeinen mehr, als sie uns sagen.
Dass die Reichen hier und da die Natur schützen, liegt nur daran, dass sie bis jetzt nicht wissen, wann und wie sie völlig sicher und ohne Astronautentraining hier wegkommen. Sie haben bis jetzt noch kein geeignetes »Weltraumfahrzeug«. Immerhin sind erst 2003 wieder sieben Astronauten bei einer Explosion des Shuttles »Columbia« ums Leben gekommen.

Divide et impera! Teile und herrsche – die Schizophrenie des Systems – die »Spaltung« der Menschen – diente Babylon als Vorbild?

Die Menschheit ist in die unterschiedlichsten Gruppen geteilt. Diese entstehen durch die Gesetzmäßigkeiten der vorherrschenden Gesellschaftsordnungen. Sie werden aber vielfach beeinflusst und bewusst geschaffen. Es gibt immer eine Hierarchie. Beispielsweise die jedem bekannte und leicht verständliche Struktur einer Firma. Die Abteilungen a, b und c, alle haben z. B. fünfzehn Mitarbeiter, Männer und Frauen, aber alle haben auch einen Abteilungsleiter. Bei allen Mitarbeitern und den Abteilungsleitern gibt es einen Unterschied, und der liegt in der Bezahlung. Keiner der Leute bekommt dasselbe Geld, auch wenn alle dieselbe Arbeit machen. Warum lassen sie sich das gefallen? Unter anderem, weil sie voneinander nur wissen, dass die Abteilungsleiter höher bezahlt werden und die Frauen am wenigsten bekommen. Warum reden sie nicht miteinander über ihr Gehalt? Weil sie Angst haben und weil es ihnen per Anweisung im Arbeitsvertrag verboten wurde …**Freiheit?**

Die Teilung der Menschen in Interessengruppen, in Berufsgruppen, in Interessengruppen innerhalb von Berufsgruppen usw., in Altersgruppen, Religionsgruppen, Studenten, Kinder, Frauen, Männer, Familien, Singles, Rassen, Hautfarben, Nationalitäten, Mieter, Hausbesitzer, Vermieter, in Klassen und anderes mehr dient nur dem Zweck, sie zu beherrschen.

Indem die Menschen in Interessengruppen gespalten werden, lassen sie sich besser unterwerfen. So werden von den Regierungen Gesetze und Verordnungen immer nur für <u>eine Gruppe</u> des Volkes geschaffen oder geändert. Durch das Herauspicken eines Themas, das nur eine Gruppe, zum Beispiel Ärzte, betrifft, hält man das Volk ruhig. Da werden sich zwar die Ärzte gegen die Beschneidung ihrer Rechte und die Ungerechtigkeit wehren, aber die restliche Bevölkerung interessiert das nur am Rande. Sie wird nicht für die Rechte der Ärzte kämpfen.

Oder die deutsche Gesundheitsreform, sie ist so verklausuliert, dass eine Gleichbehandlung der Bevölkerung gar nicht stattfindet – sie wirkt sich auf jeden anders aus. Zudem kommt, dass erst bei In-Kraft-Treten die sprichwörtliche Katze aus dem Sack gelassen wird über den Umfang und vollständigen Inhalt der so genannten Reform.
Dann kommen z. B. die Rentner dran, dann die Jugend, dann die Studenten usw. Damit erreicht man, dass die nicht Betroffenen sich nicht in die Dinge einmischen. Aber das Fatale daran ist, dass jeder auf die eine oder andere Weise doch von den veränderten Bedingungen der anderen Gruppen betroffen ist und wird. Das allerdings wird immer mehr oder weniger geschickt verschleiert. Das gilt auch auf alle anderen zuvor benannten Gruppen.

Neudings werden aus politischer Strategie Themen »hochgekocht«, wie der Streit um Kopftücher und ihre Bedeutung. Ob es laizistische Religionsbekenntnisse oder politischer Haltung oder einfach Ausdruck von Selbstbewusstsein sind. Oder ob sie es nicht sind. Kopftücher sind zum Anlass weiterer Hass und Angst schürender Diskussionen in Europa geworden. Kopftücher, ein modisches Zubehör vieler Generationen von Frauen. Kopftücher, die auch bei vielen Arbeiten als Schutz der Haare dienen.
Kopftuch, ein Stück Stoff, das als Waffe zur Spaltung der Menschen genutzt wird. Das Tragen von Kopftüchern soll per Gesetz geregelt werden, als gäbe es keine wichtigeren Sorgen für die Menschheit. Wobei sich das Tragen von Kopftüchern von alleine regeln würde, wäre die Menschheit wirklich frei.

So wird die Weltbevölkerung zersplittert.
Das alles vertieft die Kluft zwischen den Menschen. Integration als Mensch unter Menschen sollte das Ziel aller sein, aber genau das wird bewusst verhindert. Nicht zu vergessen, dass in allen Gruppen das Hauptinstrument, das Geld in doppeltem Sinne, die Zersplitterung untermauert.

Standesdünkel – oder die Klassifizierung der Menschen

Wurden Sie schon mal zu einem Galadiner der »oberen Zehntausend« eingeladen?
Werden Sie auch nicht. Es sei denn, Sie gehören zu der selbst ernannten besseren Gesellschaft. Menschen in diesen Kreisen halten sich für die »besseren« Menschen. Mit dem »gewöhnlichen« Volk wollen sie nichts zu tun haben. Es sei denn, es bringt ihnen Nutzen. Die Putzfrau, die Köchin, der Chauffeur, der Gärtner, der Bodyguard …dürfen gerade noch, weil es nicht anders geht, mit ihnen reden, um ihre Aufträge entgegenzunehmen. Das dürfte dann schon fast der ganze Kontakt zu dem so genannten einfachen Volk sein. Schon ihr Schneider ist nicht mehr zum einfachen Volk zu rechnen, denn der würde nie für Lieschen Müller ein Kleid nähen. Sind sie wirklich die besseren Menschen? Nein. Sie haben nur mehr Geld als der Rest der Welt. Es ist wieder das Geld der Reichen, was den Unterschied macht.

> »Wenn wir es recht überdenken, so stecken wir doch alle nackt in unseren Kleidern.«
> Heinrich Heine

Erfolg – erfolgreich

Wie wird Erfolg definiert? Für einen Reichen gibt es da nur eine Antwort: natürlich die Summe des Geldes, was er gerade gescheffelt hat.
Für einen Armen: einen Job zu haben und gesund zu sein.

Wie wird Erfolg gemessen? Bei den Reichen am Bankkonto und dem sonstigen Besitz. Bei den Armen, wenn sie ihren Job behalten und ihre Miete zahlen können.
Wer ist erfolgreich? Die Reichen sind die Erfolgreichen. Fazit: Die Armen sind nicht erfolgreich, nach der Definition der Reichen. Verständlich, denn in dem Wort steht ja schon alles: Erfolg = reich.

Idole – oder unser Vorbild, die Reichen

> »Die erste Generation schafft Vermögen, die zweite Generation verwaltet Vermögen, die dritte studiert Kunstgeschichte und die vierte verkommt.«
> Otto von Bismarck

Wie wir wissen, ist der Mensch ein Herdentier, es gibt einen »Leithammel«, dem alle folgen, in der Hoffnung auf »fette Weiden«. Unsere »Leithammel« sind die Reichen, denn sie haben ja »fette Weiden«.
Jeder imitiert jeden »Höheren«. Aber was machen uns die Reichen, die wirtschaftlich Bessergestellten vor? Welches Beispiel geben sie uns? Was leben sie uns vor?
Unmoral auf der ganzen Breite.

Da uns das Bedürfnis nach einem guten Leben innewohnt, orientieren sich die Menschen an denen, die das gute Leben haben. Und wenn sich herausstellt, dass dieses gute Leben durch Ränkespiele, Parteienklüngel, Geschacher um Posten, Vetternwirtschaft, Korruption, Schmiergeldaffären, Vertuschung, Verleumdung, Erpressung, Mord, Gewalt, Waffenschiebung erreicht wurde, um nur einiges zu nennen, muss man sich nicht wundern, dass die Volksmoral auch zerfällt. Über die Unmoral der Reichen kann auch keine teure Garderobe hinwegtäuschen.

Das Volk ist nicht so dumm, wie es hingestellt wird. Das Volk sieht schon die Korruption bis in die höchsten Ränge: Minister, Präsidenten, Wirtschaftsbosse, Sportfunktionäre, um nur einige der korrupten Zeitgenossen zu nennen. Das Volk weiß auch, dass diese Leute, wenn sie bei den meist in die Millionen gehenden Betrügereien und Schmiergeldaffären erwischt werden, kaum bestraft werden. Diese Leute behalten meist die erbeuteten Millionen und können selbst über eine Entlassung aus dem Job noch lachen. Sie können auch danach noch so gut leben, wie die meisten ehrlichen Bürger trotz noch so harter, fleißiger Arbeit es sich nie werden leisten können.

Machtmissbrauch kann jeder Regierung der Welt, unabhängig von der vorherrschenden Gesellschaftsordnung, vorgeworfen werden, weil keine Regierung ausschließlich dem Volke dient, was die ihr vom Volke zugedachte Aufgabe war. Die Regierenden dienen **alle** dem Kapital!
Selbst wenn sie wollten, könnten sie sich nicht aus den Klauen des Kapitals befreien. Das liegt im System!
Zudem machen sie ihre Megahonorare, Abfindungen, Prämien, Schmiergelder blind für das Wesentliche – die Menschlichkeit (Ausnahmen bestätigen die Regel).
Die Unmoral der »Großen« verdirbt die ganze Welt! Die Umwelt trägt viel mehr zu der Entwicklung der Persönlichkeit bei als die Gene.

> »Wer am Fuße eines Berges steht und die Spitze erklimmen will, schaut nach oben und orientiert sich an ihr!«
> E.T.

Ein paar Worte zur Monarchie:
Die Monarchie von heute, sie ringt um Beliebtheit und Ansehen beim Volk. Welche Rolle spielt sie im Machtpoker um die Herrschaft der Welt?
Und wie ist die Monarchie zu ihren Besitztümern und ihrem Geld gekommen? War das etwa ehrenwert? Wieso bezahlen wir teilweise immer noch mit unseren Steuergeldern das Luxusleben der Monarchen?
Ich möchte hier nicht die Spur des Geldes bis zu den Anfängen der Monarchie aufzeichnen, das alleine ist Stoff für viele Bücher, dennoch werfen sich viele weitere Fragen, Fragen aus der jüngsten Geschichte auf, wie die Frage:

Was ist wirklich mit Lady Diana passiert? War es der perfekte Mord? Wurde sie ermordet, weil sie am folgenden Tag zu einer Konferenz wollte, bei der sie sich gegen die weitere Verbreitung und die Herstellung von Landminen einsetzen wollte? Welche Rolle spielen dabei die neonazistischen »Blaublütigen«? Hatte man Angst, Diana würde aufgrund ihrer persönlichen Beliebtheit und ihres Engagements erfolgreich sein im Kampf gegen Landminen? Gab es noch weitere Gründe, ihre persönlichen und privaten Pläne auf diese Weise zu unterminieren? Welche Gründe waren das? In wessen Interesse? Wer hat Nutzen aus ihrem Tod gezogen?

> »In der Aristokratie ist es immer so, dass man mehr die Stirn zeigt als etwas dahinter.«
> Oscar Wilde

Kriminalität und die Gesellschaft

Um es vorweg zu sagen: Ich möchte hier keine Lanze für die Kriminalität brechen, im Gegenteil, ich verurteile sie, ganz besonders, sogar energisch, wenn Menschen dabei an Leib und Leben zu Schaden kommen. Jedoch möchte ich die Mitverantwortung/Mittäterschaft der Rolle der Gesellschaft für die Kriminalität deutlich machen.

- Kein Mensch wird als Verbrecher geboren, er wird durch die Gesellschaft und deren Bedingungen dazu gemacht.
- Wie kann sich eine Gesellschaft, die als Götzen das Geld hat, über Kriminalität wundern?

»Das beste Unkraut wächst auf reichstem Boden.«
Shakespeare

Es gab schon immer Menschen, die nicht anderes als durch Stehlen oder anderer ungesetzlicher, unmoralischer Taten ihren Lebensunterhalt bestritten haben. Soweit ist das nichts, was nur heute, in unserer Epoche, geschieht; aber wenn wir Nichtkriminellen von uns behaupten, moralischer und bessere Menschen zu sein, warum ist es uns da nicht möglich zu verhindern, das Menschen kriminell werden, um zu überleben?

Tatsache ist, dass Menschen, die unabhängig durch welches Delikt, vorbestraft sind, so gut wie keine Chance haben, jemals wieder auf ehrliche Art Geld zu verdienen. Resozialisierung ist nur ein Wort!
Und es bleibt auch nur ein Wort! Selbst wenn sich noch so viele karitative Organisationen darum bemühen, so lange die Vorbestraften auch nach Verbüßung ihrer Haft oder anderen Strafe weiter mit Verachtung gestraft werden.
Diese Menschen werden von vornherein wieder ausgegrenzt, an

den Rand der Gesellschaft gedrängt. Sie haben kaum eine andere Chance zum Leben oder Überleben als in dieser von der Gesellschaft geschaffenen Randgruppe. Wobei der Begriff Randgruppe nicht auf die Anzahl der ausgegrenzten Menschen deutet. Denn Tatsache ist, dass seit Jahrzehnten die Kriminalität ständig zunimmt. Was zudem bei den ebenfalls ständig weniger werdenden Arbeitsplätzen und der zerfallenden Moral weltweit nicht verwunderlich ist.
Verschleiert wird diese Tatsache zunehmender Kriminalität durch »milde Urteile« in den Gerichten. Es werden mehr Geld- und Bewährungsstrafen verhängt. Würde man das nicht tun, müsste man Tausende weitere Gefängnisse bauen. (Denn bereits jetzt sind die Gefängnisse weltweit hoffnungslos überfüllt.) Das würde zum einen Unsummen kosten, zum anderen die wahren Ausmaße der Kriminalität offen legen. China »löst« das Problem Kriminalität und fehlende Gefängnisse mit der Todesstrafe. Die Bevölkerung soll aber nicht beunruhigt, sondern beruhigt werden.

Nationen ertrinken in Drogen, Prostitution und Gewalt, aber Autofahrer werden bestraft, weil sie falsch parken, das bringt ja auch Geld in die Kassen, statt die wirklichen menschenbedrohenden Übel nachhaltig zu beseitigen. Verdient man daran auch?

- Was für eine Scheinmoral!

Die Doppelmoral der Gesellschaft zeigt sich auch beim Betrachten der Prostitution. Womit wir bei der organisierten Kriminalität angekommen wären. Denn das ist ein ganzer Wirtschaftszweig(!), zum Teil eine Schattenwirtschaft fast ohne staatliche Gesetze. Obwohl sogar Polizisten in Ausübung ihres Dienstes sterben, wenn sie versuchen oder es schaffen, Frauen aus der Sklaverei der Prostitution zu befreien. Aber ihr Bemühen und ihre aufopferungsvolle Arbeit zum Schutz der Schwachen und Hilfsbedürftigen kommt dem Versuch gleich, die Wüste sandkornweise zu beseitigen.
Es ist viel zu viel Geld im »Spiel«, weswegen es die Polizisten

niemals schaffen können, allen Prostituierten zu helfen. Für jede Frau, die die Polizei aus dem Milieu rettet, wird eine weitere versklavt. Versklavt, weil frauenverachtende, triebgesteuerte Männer der »feinen« Gesellschaft diese Ausbeutung und Erniedrigung der Frauen finanzieren! Finanzieren durch den Sex mit diesen Frauen und Kindern, die vor Ekel, diese Männer ertragen zu müssen, auch noch drogensüchtig sind.

Warum gehen diese meist verheirateten Männer zu Prostituierten und nicht liebevoll mit ihren Frauen ins Bett? Eine von mehreren Antworten auf diese Frage können sie im Kapitel 11 dieses Buches nachlesen.

Weil es ein Geschäft ist, wollen noch mehr »Leute« von dem Geld, welches die Frauen durch den Verkauf ihrer Körper verdienen, etwas abhaben.

Alle verdienen dabei, nur die Frauen, deren Körper benutzt werden, gehen leer aus. Was ihnen bleibt, reicht oft nur für das Nötigste und für den Kauf der nächsten Drogen.

Die neuerlichen Bemühungen in Deutschland, den Prostituierten eine Kranken- und Rentenversicherung zu ermöglichen, geschieht leider nicht aus reiner Nächstenliebe oder Sorge um die Frauen. Nein, wie sollte es anders sein, es geht um das große Geldverdienen. Fast zeitgleich mit diesen Bemühungen ging Beate Uhse mit ihrem Konzern an die Börse. Deshalb musste das Schmuddelimage der Prostitution für den Börsengang aufpoliert werden. Beate Uhse, ein Konzern, der aus der Lust ein Geschäft macht.

Bei der Gründung des Konzerns waren sicher lobenswerte Motive die Grundlage der Geschäftsidee: Hygiene, Schutz vor den zahlreichen stark ansteckenden Geschlechtskrankheiten, die Produktion von Kondomen. Aber »Dank« des Geschäftes mit dem Sex ist der Konzern zum »Zuhälter« dieser Branche mutiert. Ausgeklügelte Marketingstrategien sorgen und haben dafür gesorgt, dass Frauen vielfach nur als Lustobjekte und Spielbälle der Männer wahrgenommen werden.

Das belegen die zahllosen, meist brutalen Vergewaltigungen. Das belegen auch die Behauptungen der Vergewaltiger, ihre Opfer hätten das so gewollt. Welch ein Schwachsinn, welche Frau will denn Opfer eines Verbrechens werden?! So viele Vergewaltigungen, dass sogar Gesetze erlassen werden mussten, um Frauen vor Vergewaltigungen in der Ehe zu schützen.

- Einer Studie zufolge werden 80 Prozent der Vergewaltigungen von Tätern begangen, die den Opfern bekannt sind.

Es gibt für die Männer keine Hemmschwellen mehr, stetige Zunahme von Sexuellem: Kindes- und Babymissbrauch sowie Lustmorde sind ein Beweis dafür. Dieses menschenverachtende Handeln ist Beweis für die verhaltensverändernde Wirkung sowie die Anstiftung dieser Verbrechen durch den Konsum von pornografischen Erzeugnissen. Die Bagatellisierung dieser Verbrechen dient der Akzeptanz dieser Gräulichkeiten, damit der Verkauf der pornografischen Machwerke floriert!
Durch Bagatellisierung von Sexualverbrechen, ihrer Integration (!), wird dem Verbrechen Tür und Tor geöffnet. Das ist genau der gewünschte Effekt der Geschäftsleute in der Sexbranche.
Die Produktion und der Verkauf von pornografischen Erzeugnissen sind wie vieles andere verabscheuungswürdig, ein Milliardengeschäft. Welches die Würde der Menschen, der Frauen und Kinder im Besonderen, vernichtet.
Durch diesen pornografischen Schund werden animalische Verhaltensweisen zur Schau gestellt. Diese Machwerke sind eine Beleidigung der menschlichen Art, die dadurch auf Sex reduziert wird.
Es ist eine Schande für die Menschheit, sich derart zur Schau zu stellen. So werden die intimsten, liebevollen, zwischenmenschlichen Beziehungen und Gefühle durch plumpen Kommerz verdrängt. Ja, das ist Verrat, Verrat an der wahren Liebe. Die reinen gottgegebenen Gefühle, die die Menschen ohne diesen Schund

leben und fühlen könnten, werden verraten. Durch das inhaltliche Diktat dieser Machwerke werden die Menschen verrückt gemacht. Irregeführte glauben, es wären »Lehrfilme« für ihr Liebesleben.

Das ständige Sehen solcher Filme, Zeitschriften macht die Männer impotent, weil sie glauben, wenn sie nicht wie im Film gezeigt sexuell agieren, wären sie keine richtigen Männer. Sie bekommen Komplexe, schon schnappt die nächste Falle zu, sie kaufen sich Potenzmittel und anderen Schwachsinn mehr.

- Das Geschäft mit den Gefühlen boomt.

Die Gesellschaft ist nicht nur Zuschauer, sie ist Mittler und Mittäter. Alle entrüsten sich verbal, aber im Verborgenen und zunehmend öffentlich machen viele mit. Durch Werbung, Sexprogramme im TV und anderes mehr sind es täglich mehr, die von dem Zerfall der Werte und dem Leid der Kinder, Frauen und Männer, die sich prostituieren oder dazu gezwungen werden, sowie der Ausdehnung der Sexindustrie partizipieren.

Das Geschäft mit dem Sex funktioniert, nur wenn der Schutz der Intimsphäre als Prüderie hingestellt wird. Es funktioniert nur in der Zerstörung und Verdrängung menschlicher Tugenden und Werte. Was den Menschen im Sinne des Profits dann als Fortschritt verkauft wird.

Der Kürze halber gehe ich hier nicht weiter ins Detail. Kriminalität, das organisierte Verbrechen reichen bis in die Regierungen hinein. Das organisierte Verbrechen aller »Branchen« ist längst in einem Ausmaß tätig, dass es der Gesellschaft ein Armutszeugnis ausstellt. Durch diese Verlogenheit und Doppelmoral ist sie nicht fähig, breiten Schichten der Menschheit ein gewaltfreies existenzsicherndes Leben zu ermöglichen.

Die Kriminalität wird bekämpft, die Kriminalität wird gefördert, das ist ein profitables Geschäft!

Die Menschheit hat sich dem Bösen zugewandt. Alles Schlechte ist großflächig auf dem Vormarsch, das Gute wird immer schneller, immer mehr verdrängt, »platt gewalzt«. Die Jagd nach dem Geld macht vor nichts halt.

- Die Menschen, ihre Würde werden wieder einmal mehr dem Geld geopfert.

Die Welt war noch nie so kalt wie in der heutigen Zeit.
Es wird Zeit, sich die Frage zu stellen: Was sind wir nur für Monster geworden? Und zu welchen Monstern entwickeln wir uns noch?

Es wird allerhöchste Zeit, diese Entwicklung zu stoppen, unter anderem, damit man sich nicht mehr schämen muss, zur menschlichen Spezies zu gehören, sondern dass man das Wort Mensch wieder mit Stolz aussprechen kann.

- Opfern wir nicht unsere Menschlichkeit noch länger dem Teufel Geld.

Frauen, die Opfer der patriarchalischen Gesellschaft

Wären die Frauen an der »Macht«, hätten sie das Geld längst abgeschafft.
Frauen denken, fühlen und handeln viel sozialer als Männer.

Frauen werden immer noch wie Menschen »zweiter Klasse« behandelt.
Selbst nach Jahrhunderte währendem Kampf um Gleichbehandlung, Kampf für gleiche Rechte, ist die Gleichberechtigung bis heute auf der ganzen Welt nur ein »Papiertiger«. Was sich im täglichen Leben tausendfach zeigt.

Heute noch werden Mädchen als Unglück oder Schande gesehen, wenn sie geboren werden. Heute noch werden Frauen gezwungen, ihre Babys umzubringen, wenn es Mädchen sind. Heute noch werden Frauen durch Beschneidung verstümmelt. Heute noch werden Frauen und Mädchen verkauft. Das sind nur einige gravierende Beispiele für das Lippenbekenntnis von Gleichberechtigung.

Wenn ein Mann heiratet, hat er nur noch halb so viel Arbeit, wenn eine Frau heiratet, hat sie doppelt so viel Arbeit. Wenn sie Kinder bekommt, hat sie drei Mal so viel Arbeit und wenn Sie noch einen Job hat, um mitzuverdienen, hat sie vier Mal so viel Arbeit.
Und da heißt es, die Frauen wären das schwache Geschlecht! Bei all dem, was die Männer ihnen aufbürden! Bei all dem, was Frauen tagtäglich leisten, zeigen sie eine Stärke, die Männer nicht aufbringen könnten. Diese Stärke aufzubringen wird von den Frauen verlangt/erwartet. Vielleicht haben die Männer stärkere Bizepse, aber sonst …?
Wenn es darum geht, dass Männer die Frauen bei ihren vielen Aufgaben entlasten, die Aufgaben gleichberechtigt von beiden zu erledigen, bleiben schnell die Aufgaben, die dem Mann zugedacht waren, liegen.

Angeblich »Wichtigeres«, was sie zu tun haben, wird vorgeschützt. Sind Kinder da, wird oft der Part der Männer auf die Kinder delegiert.

Sehr bequem für die Männer. Wobei wohl mindestens die Hälfte der Menschheit Frauen sind.
Frauen werden behandelt, als würden sie nicht selbstständig denken und handeln können. Dabei sind Frauen von Hause aus Manager, nur bekommen sie dafür keinerlei Gehalt. Ohne den Fleiß, die Arbeit der Frauen wäre alles längst zusammengebrochen. Frauen sind die **tragenden** Säulen jeder Gesellschaft.
Die Leistungen der Frauen werden weder in der Familie noch in der Gesellschaft ernsthaft anerkannt oder gewürdigt (Ausnahmen bestätigen die Regel).
Der internationale Frauentag ist nur die Fassade, mit der die Menschen getäuscht werden. Frauen, die sich für ihre Rechte einsetzen oder dafür kämpfen, werden immer noch als Emanzen oder anderes beschimpft.
Frauen sind täglich Demütigungen ausgesetzt, egal, welche der derzeitigen Gesellschaftsordnungen vorherrscht. Frauen werden vielfach wie »geringwertigere« Menschen behandelt. Täglich werden Frauen Opfer häuslicher Gewalt. Zum Beispiel: Ist die Gewalt in der Ehe, noch vor dem Krebstod, die hauptsächliche Todesursache junger, bis vierzig Jahre alten Frauen in Europa!
Diese Gewalt ist die logische Auswirkung der Diskriminierung der Frauen, ist Folge der frauenfeindlichen sowie menschenverachtenden, dem Geld unterworfenen Gesellschaft!

Frauen fallen Wirtschaftskrisen als Erste zum Opfer. Sie werden zurück an den »Herd« geschickt. Was gleichzeitig die männliche Geringschätzung der Hausarbeit offenbart.

- Wenn Hausarbeit keine Arbeit ist und wenn Hausarbeit keines Verstandes Bedarf, warum verrichten sie dann nicht die Männer?

Nicht nur dass Frauen in wirtschaftlichen Krisen Opfer sind, auch ohne Krisen werden sie massiv benachteiligt. Sie bekommen, selbst bei gleicher Qualifikation und gleicher Arbeitsaufgabe, gleicher Arbeitszeit, gleichen Arbeitspensums, nur einen Bruchteil des Lohnes/Gehaltes, das die Männer erhalten. Im Alter folglich auch die geringere Rente. Dabei haben sie für die Gesellschaft Großes geleistet.

Dabei müssen Frauen doppelt so gut sein wie Männer. Wenn Frauen sich auf eine Stelle bewerben, müssen sie gut aussehen, doppelt so gute Zeugnisse vorweisen, doppelt so viel leisten wie ein Mann, der sich für dieselbe Stelle bewirbt. Sie müssen klüger und besser sein als ein Mann, um die Stelle zu bekommen.

- Womit die Männer selbst den Beweis liefern, dass Frauen ihnen überlegen sind. Sie liefern den Beweis, dass Frauen ihnen nicht nur ebenbürtig, sondern sogar vielfach intelligenter sind.

- Haben die Männer Angst, Angst vor der Intelligenz der Frauen?

- Sind die ganzen Schikanen gegen die Frauen und das Verhindern von Gleichberechtigung unter anderem der Ausdruck für die Angst der Männer, nicht gebraucht zu werden?

- Ist es die Angst der Männer vor einem Rollentausch, haben sie Angst, das »Los« der Frauen zu »ziehen«?

- Haben die Männer nur Verschleierungstaktiken ihrer Angst vor der Gleichberechtigung der Frau entwickelt?

- Fürchten sich die Männer davor, dass die Frauen in Männerdomänen und in der Wirtschaft strategisch wichtige Posten besetzen?

- **Haben die Männer Angst? Angst vor dem Matriarchat?**

Das Patriarchat und seine geldorientierten Strukturen haben die Menschheit in diese katastrophale Lage geführt. Das Patriarchat hat der Menschheit einen schlechten Dienst erwiesen!
Die Menschheit hätte sich im Matriarchat ohne geldorientiertes Machogehabe sicher schon längst zum Besseren entwickelt. Es würden unter anderem längst keine Kriege und keine Gewalt mehr geben. Freiheit für alle Menschen würde es längst geben. Wir würden heute nicht am Rand der totalen Vernichtung stehen.

Mythos Chancengleichheit

Ein Beispiel: Lieschen Müller arbeitet seit fünfzehn Jahren in einer gut gehenden Gärtnerei mit integriertem Blumenladen. Sie ist gelernte Gärtnerin und Floristin. Ihr Chef kann nach einem Autounfall nicht mehr arbeiten und muss deshalb seine Firma schnellstens verkaufen. Da er mit der Arbeit von Lieschen Müller immer sehr zufrieden war und ihren Traum von der eigenen Gärtnerei kennt, bietet er sie ihr gleich zum Kauf an. Lieschen Müller ist überglücklich. Sie nimmt freudig das Angebot an. Über den Kaufpreis ist man sich schnell einig.
Da ihre Ersparnisse nicht ausreichen, bittet sie um ein paar Tage Zeit, damit sie bei der Bank einen Kredit beantragen kann. Sie stellt ihren Antrag und reicht alle von der Bank geforderten Unterlagen ein. Der Banker sieht sich alles an und fragt sie nach Sicherheiten. Was für Sicherheiten? Ich habe keine, sagt Lieschen Müller. Und genau in diesem Augenblick merkt sie, dass der Traum von der eigenen Firma ausgeträumt ist.
Ein Baulöwe hat an derselben Gärtnerei ebenfalls Interesse. Ihm geht es um das Grundstück. Er möchte an der Stelle ein Bürogebäude errichten. Sein Geld steckt in vielen anderen Projekten, und er ist ebenfalls nicht in der Lage, das Geld sofort zu bezahlen.
Also geht er zur Bank und welch Überraschung, er wird gar nicht nach Sicherheiten befragt. Er geht mit dem notwendigen Geld aus der Bank.

Oder ein fünfjähriges Kind in Indien: Es arbeitet täglich zehn und mehr Stunden in einer Gerberei. Es muss die Familie ernähren. Es »lebt« in einer Blechhütte. Die Eltern bekommen keine Arbeit. Damit nicht alle verhungern, muss das Kind arbeiten gehen. Die Bedingungen sind menschenunwürdig. Überall giftige Substanzen und Dämpfe. Mit Worten ist die Hölle des Kindes nicht zu beschreiben. Das Geld, was es dabei verdient, reicht nur für eine karge Mahlzeit pro Tag. Die gegerbten Häute gehen dann nach

Europa und anderswo auf dieser Welt zu den Auftraggebern. Diese verdienen dann Tausende von Euro oder US-Dollar. Das Kind, das die Häute gegerbt hat, hat eine Lebenserwartung von etwa fünfzehn Jahren. Kaum ein Kind, das in den Gerbereien Indiens arbeitet, erreicht das Erwachsenenalter. Die, die erwachsen werden, haben schwerste gesundheitliche Schäden, an denen sie dann bald sterben.
Die gleichaltrigen Kinder der Lederhändler haben unter anderem ein Kindermädchen und mehr Spielzeug, Kleidung und Essen, als das indische Kind je sehen wird.

> »Wir schaffen das Gold zutage und schaufeln dabei an unserem Grab.«
> russisches Sprichwort

-
Wie war das doch? Arme und Reiche haben die gleichen Chancen? Die Armen sind nur zu dumm und zu faul?
Chancengleichheit? Ha, ha – allein durch das weltweite typische Gebaren der Banken bleibt garantiert, dass der Klüngel der Reichen letztlich unter sich bleiben kann.
Allerdings um den Mythos der Chancengleichheit am Leben zu erhalten, gibt es immer die berühmten Ausnahmen, die immer dann präsentiert werden, wenn die Stimmung zu kippen droht. Nach der alten Zirkustradition: Schick die Clowns rein!
Scharen von »Neuanfängern« weltweit, die durch Regierungsprogramme oder Freunde doch an Darlehen kommen, halten das ganze System am Laufen. Menschen, die sich aus der Arbeitslosigkeit selbstständig machen wollen oder es sogar schaffen, mit einer Firma ihren Lebensunterhalt zu verdienen. Dabei können nur sehr wenige sich behaupten. Die meisten bleiben auf der Strecke und hinterher geht es ihnen noch schlechter als vorher. Dann ist auch der letzte Spargroschen weg, wie die Firma und alles andere. Aber es finden sich immer wieder Neue, die es versuchen und nachdrängen.

Abgesehen davon suchen täglich mehr und mehr Menschen eine Arbeit. Diese Menschen werden durch allerlei bürokratische Tricks nicht in offiziellen Statistiken benannt, sodass die tatsächliche Zahl der Arbeitslosen seit Jahrzehnten vertuscht wird. Unbeachtet der Tatsache, dass es von vielen Faktoren abhängt, wie Ausbildung, Alter, Berufserfahrung, Aussehen und dergleichen mehr, ob man eine Arbeit bekommt, ist es zunehmend davon abhängig, wie viele Bewerber auf einen vorhandenen Arbeitsplatz kommen. Denn genau die Arbeitsplatzverknappung wird in zunehmendem, bisher nicht gekannten Maße das Hauptproblem auf dem Arbeitsmarkt schon in den nächsten zehn bis fünfzehn Jahren darstellen, ganz egal, wie viele neue Firmen kommen und gehen. Denn durch globale Umstrukturierungen der Arbeit werden Millionen und Abermillionen Arbeitsplätze überflüssig.

In den letzten Jahren konnte man beobachten, wie viele Länder mit der Demokratie »beglückt« wurden. Vor allem im alten Europa. Das war auch dringend notwendig in Anbetracht der »abgegrasten« Märkte. Aus diesem Grund ist auch die für den Sommer 2004 geplante und kommende Osterweiterung für die Reichen so wichtig. Eine richtige »Goldgräberstimmung« ist bei den Mächtigen, Politikern und Firmen ausgebrochen. Andere Länder werden folgen, nicht nur in Europa, sondern bis hin zu China.
Übrigens bei China fällt mir ein, kommunistische und sozialistische Länder **hat es noch nie gegeben**, auch nicht die, die sich selbst so nennen, nennen wollten oder vom »Kapital« so genannt wurden und werden. Das Wort kommunistisch hat dem »Kapital« schon immer als Schreckgespenst gedient, weil das Kapital Angst hat, seine Macht zu verlieren.
Kommunistische Länder zu schaffen sind und waren alles nur klägliche Versuche, die unter anderem an der Diktatur und staatlich verordneter Beschneidung vieler Freiheiten ihrer Bürger im Ansatz ihrer Schaffung schon gescheitert sind.

Obwohl der Grundgedanke Gleichheit und absolute soziale Gerechtigkeit für alle Menschen nichts Schlechtes war und ist, so ist er bei der Umsetzung zum einen in der dabei wieder geschaffenen Hierarchie neuer Machtstrukturen und zum anderen an der nicht gleichzeitigen globalen Freiheit für die Menschen untergegangen. Selbst die Länder, die an dieser pseudokommunistischen Gesellschaftsordnung noch festhalten, sind bereits gescheitert – sie geben es nur nicht zu.

Die mit der Demokratie »beglückten« Menschen freuten sich anfangs euphorisch darüber, sind sie doch auch durch Konsumrausch nicht sofort in der Lage gewesen, das wahre Gesicht des als »Weihnachtsmann« verkleideten »Wolfs« Demokratie zu erkennen. Erst wenn die Feier vorbei ist, merken die Menschen, dass der Weihnachtsmann nicht echt war und die Geschenke keine sind. Erst wenn es zu spät ist, um dem Wolf zu entfliehen, bekommen sie die Rechnung. Dann erst begreifen sie, dass sie wieder nur getäuscht wurden, ihre Ketten und Gefängniswärter nur andere sind.

> »Es ist leichter, Leuten Ketten anzulegen, als sie ihnen abzunehmen, wenn die Ketten anständig aussehen.«
> George Bernhard Shaw

Um auf die »abgegrasten« Märkte zurückzukommen, die Reichen sind wie die Heuschrecken, Sie müssen sich noch weiter ausdehnen, um mehr/wieder Profit zu machen. Das nennt sich dann Wirtschaftsaufschwung. Dabei geht es in keiner Weise um Chancengleichheit oder die Menschen. Menschen interessieren die Reichen nicht, trotz anders lautender Behauptungen. Menschen sind für die Reichen nur dumme, einfältige Statisten, die nur dazu dienen, des Reichen Macht und Reichtum zu mehren. Je billiger ihre Arbeitskraft, umso höher der Profit. Auch ihre »Kaufkraft« ist gefragt.

Die »abgegrasten« Hochlohnländer werden zurückgelassen, sie sind nicht mehr lukrativ. Auch durch diese Entwicklung werden täglich weltweit Millionen Arbeitsplätze vernichtet, verlagert und letztlich auch am neuen Standort vernichtet. Folge ist ein sozialer Umbau in diesen Ländern zur Stützung des Systems, er ist dann nicht nur notwendig, sondern erfolgt auch prompt. Allerdings verhindert er nicht, dass mehr und mehr Menschen in Armut geraten. Schließlich findet wieder ein sozialer Rückbau statt.
Für jede gewerkschaftlich ausgehandelte Lohnerhöhung werden Arbeitsplätze vernichtet, so lange bis die Standorte geschlossen und verlegt werden.
Für fast jede technische Neuerung in den Firmen fallen Arbeitsplätze weg. Bei jeder Fusion werden Arbeitskräfte überflüssig und so weiter und so fort. Wodurch zunehmend mehr Arbeitsplätze vernichtet als neue geschaffen werden, was zum kontinuierlichen Schwund von Arbeitsplätzen führt. Um den eigentlichen Schwund von Arbeitsplätzen zu verschleiern, werden aber Neueröffnungen und Neugründungen von Firmen so stark und medienwirksam ins Rampenlicht gehoben.

Meine Oma hat mich viele Sprichwörter gelehrt, eines dieser alten Sprichwörter lautet: Spare in der Zeit, dann hast du in der Not. Wie ist es heute damit?
Und wie soll man sparen, wenn nur Not herrscht, die sich immer weiter ausbreitet? Ein Prozess, der eine unaufhaltsame Eigendynamik entwickelt und die Menschen überrollt wie eine Sintflut!?

Die Umstellung der Währung in Europa auf den Euro sollte die weltweite Inflation stoppen beziehungsweise verlangsamen.

Tatsächlich aber hat in Deutschland die Euroumstellung den Menschen eine Verdreifachung der Preise beschert. Die Wirtschaft hat in allen Bereichen bereits vor der Einführung des Euro die Preise kontinuierlich angehoben, bis sie verdoppelt waren! Zur Umstel-

lung selber sind zu 90 Prozent nur die Währungszeichen verändert worden, also statt 10 DM jetzt 10 EUR. Dazu kommt, um bei dem Beispiel zu bleiben, dass bis heute sich die Preise schon auf 15 Euro »vorgearbeitet« haben. Das Einzige, was »korrekt« umgerechnet wurde, sind die Einkommen der Bevölkerung, dem Volk wurde der Lohn weder vorher noch nachher verdoppelt.
So genannte Sonderangebote sind in Wirklichkeit nur ein Bluff. Das sollen die Menschen bei gleichbleibenden oder sogar sinkenden Einkommen verkraften?! Was wollen die Reichen dem Volk noch alles zumuten? Wie die Auswirkungen in den anderen Euro-Ländern sind, habe ich nicht recherchiert, aber sie dürften aus der wissenschaftlichen Gesetzmäßigkeit des Systems gleich oder ähnlich sein.

Ganz egal, was Wirtschaftsweise und oder Gefälligkeitsgutachten sagen, die Währungsumstellung auf den Euro war/ist ein gigantischer Betrug an den Menschen.

- Seriös ist ein Wort, für das es in der Marktwirtschaft keine genaue Definition gibt.

Die wahren Herrscher

> »Wenn Wahlen etwas ändern würden, hätte man sie längst verboten.«
> George Bernard Shaw

In der Dreigroschenoper von Bertolt Brecht heißt es schon, im »Macky Messer Song«: » ...und der Haifisch, der hat Zähne und die trägt er im Gesicht, und Macky, der hat ein Messer, doch das Messer sieht man nicht. Und die einen stehen im Dunkeln und die andern stehen im Licht, doch man sieht nur die im Lichte, die im Dunkeln sieht man nicht.«

Die »220« haben ein zweites System im System geschaffen, das wie das neurale System des menschlichen Hirns ist und ebenso arbeitet, bestens organisiert!
So haben sie ihre Dynastie der Macht errichtet.
Jeder spürt sie, jeder eckt irgendwann an ihr an. Die wenigsten sind sich aber über die Hintergründe bewusst, der Blick über das erste System ist kaum möglich. So ist es eine perfekte Tarnung der eigentlichen Dynastie der Macht. So beherrschen sie die Regierungen, die Länder, die Börse, die Banken, die Wirtschaft, unsere gesamte Welt. Sie beherrschen sie nicht nur, sondern die meisten Banken, Firmen und Imperien gehören ihnen.
Die im ersten System wirkenden Naturgesetze spielen ihnen in die Hände. Wenn nicht werden sie beeinflusst und in die Bahnen gelenkt, in denen sie die Giganten haben möchten. Das geschieht durch Verwendung ihres Geldes für: Verleumdung, Verrat, Korruption, Raub, Mord, Seuchen, Kriege – es gibt kein vorstellbares Verbrechen, in dem diese reichen »angesehenen« Leute nicht ihre Finger im Spiel haben. Sie tun gnadenlos alles für ihre Macht. Welchen Preis hat die Macht? Diesen! Wer und was ihnen im Weg steht, wird beseitigt. Die Mittel werden nach dem gewünschten Ziel gewählt.

> …zur Wall Street, die durch Kälte und Grausamkeit beeindruckt. Hierher strömt das Geld aus allen Teilen der Erde, und mit ihm kommt der Tod. Nirgends auf der Welt spürt man so wie hier die absolute Abwesenheit des Geistes; Herden von Männern, die nicht bis drei, und Herden von Männern, die nicht bis sechs zählen können; Missachtung der reinen Wissenschaft und dämonische Wertung der Gegenwart. Schauspiel von Selbstmördern, Hysterikern und Mengen Ohnmächtiger.
> Federico García Lorca, New York, 1933

Der Kampf der »Dinosaurier der Macht« (die hauptsächlich in Amerika sind) um die Weltherrschaft ist längst im vollen Gange. Und der Kampf läuft nicht nur im Verborgenen ab, das ist auch gar nicht möglich. Verfolgen sie das Zeitgeschehen, dann werden sie es beobachten können.

> »Amerika ist das Land der Superlative. Es ist auch das Land der größten Widersprüche. Der Widerspruch zwischen Ideal und Wirklichkeit ist erschreckend.«
> Victor (Wie sah ich Amerika)

Die »oberen Zehntausend« (hier Synonym für Regierung, Großkapital usw. im ersten System) zerfleischen sich weltweit mit Fusionen und feindlichen Übernahmen. Sie sind so damit beschäftigt, sich gegenseitig zu schlucken, sich zu bekämpfen, dem Geld nachzujagen, dass sie nicht bemerken, dass gerade sie die interessantesten Marionetten in diesem großen Marionettentheater der Giganten sind.

Berauscht von der Macht bemerken sie nicht und wollen es nicht bemerken, dass die Fäden ganz woanders als bei ihnen zusammenlaufen.

In den Händen der wahren Giganten, der Dinosaurier des Kapitals, der Dynastie der Macht.

Die »oberen Zehntausend« bilden sich ein, dass sie es alleine sind, die Puppen tanzen lassen, weil auch sie ein Geflecht der Macht errichtet haben und zu Multis avanciert sind. Sie sind nur nützliche Idioten! (Wie wir alle.) Deren Wahrnehmung ist jedoch durch Selbstverliebtheit, Bigotterie, Verschwendungssucht, Dekadenz und Arroganz getrübt. Sie spielen Golf und feiern das ganze Jahr Partys, wobei sie sich rühmen, was geleistet zu haben, wenn sie eine Jacht besitzen, bei der der Quadratmeter eine Million Euro kostet! Sie wetteifern um den größten Prunk. Die Partys dienen nur dem Zweck, die in die Tausende gehenden teuren Kleider und neuen Schmuckstücke vorzuführen und zur Schau zu stellen. Die Ausnahme dieser hohlen Partys bilden Partys, bei denen das Eintrittsgeld wohltätigen Zwecken zugeführt wird.

Degeneriert ist eine Welt, in der Menschen vor Hunger sterben, aber Schoßhündchen Diamantenhalsbänder tragen und an Verfettung eingehen.
Aber die Dinosaurier des Kapitals sind auch nicht frei, sie sind Gefangene ihrer Macht, deren tägliche Aufgabe, immer alle Fäden in der Hand zu haben und aufzupassen, das keiner runterfällt, nicht von Freiheit zeugt. Dabei noch aufzupassen, dass einem die anderen Mit-, Gegenspieler nicht die Puppen aus der Hand nehmen, ist keine Form von Freiheit. Sie leben in mehr als menschenwürdigen, sogar in luxuriösen Verhältnissen und damit besser als die meisten Menschen, aber frei sind auch sie nicht. In dieser Gesellschaft kann keiner wirklich frei sein. Jeder steht unter Druck und ist nicht frei, frei als Mensch.

Nicht nur frühere oder andere Gesellschaftsordnungen sind vom Geld abhängig, sondern die vorherrschende Gesellschaftsordnung des Kapitalismus im Besonderen funktioniert nur mit großen Geldsummen.

- Diese Gesellschaftsordnung ist eine Diktatur, die Diktatur des Geldes!

Die Regierungen der Welt haben die Pflicht, ihre Bürger vor feindlichen Angriffen zu verteidigen und zu schützen. Wann schützen sie ihre Völker, die Menschheit vor dem übelsten aller Feinde: dem Geld?

- Der alles beherrschende Feind heißt Geld!!!

Das Weltvermögen an Geld wird sich in den nächsten zehn bis fünfzehn Jahren in einem bisher nicht gekannten Ausmaß sowie einer nicht gekannten Geschwindigkeit in den Händen von einigen wenigen Leuten zentralisieren.
Diese Zentralisierung des Geldes, die bisher noch durch die Banken und den bargeldlosen Zahlungsverkehr verschleiert wird, wird letztlich weltweit alles zusammenbrechen lassen. Bereits jetzt funktioniert alles nur noch, weil es dem einen genommen und dem anderen gegeben wird. Ein »Loch« wird gestopft, indem woanders ein »Loch« aufgerissen wird. Dieser Kreislauf wird nicht auf ewig weiter so funktionieren, weil auch das bald nicht mehr ausreicht, da es in Kürze nur noch »Löcher« geben wird.

Das Geld hat leider viele Advokaten.
Wie lange wollen wir uns noch von dem Geld, diesem Diktator, diesem diabolischen Feind aller Menschen, noch regieren lassen? Wie lange wollen wir uns von bunt bedrucktem Papier und dem Nachfolger Plastik – Chipkarten – unser Leben vorschreiben lassen? Wie lange soll das Geld weiter der Totengräber von Herzlichkeit, Hilfsbereitschaft, Ethik, Moral, wahrer Freiheit und Menschlichkeit sein? Wie lange ist das noch zu ertragen? Ist die Schmerzgrenze nicht schon lange überschritten? Oder erst, wenn von 6 Milliarden Menschen 5,99 Milliarden in Armut versunken sind?

Diese nur vom Geld beherrschte Gesellschaft ist schon in höchstem Grade unmoralisch, Moral ist nur noch Makulatur. Die organisierte Kriminalität ist nur eine der logischen Folgen der unmoralischen, geldorientierten, geldanbetenden Gesellschaft.
Selbst Verzweiflungstaten, wie Bombenanschläge von Selbstmord-, und anderen Attentätern, sind Folgen dieser unfreien, dem Geld unterworfenen Gesellschaft.
Mit diesen Bomben werden auf erschütternde Weise unschuldige Menschen getötet. Aber das bringt die Menschheit keinen Schritt weiter. Diese Bomben bringen den Mächtigen nur noch mehr Macht über die Menschen. Mit diesen Bomben wird die Menschheit nicht befreit, sondern diese Bomben bringen lediglich noch mehr Leid über die Menschen. Und diese Bomben sind es auch, die den Mächtigen den Grund liefern, die Menschen noch mehr zu überwachen. Diese Bomben dienen somit nur dazu, den Menschen ihre ohnehin geringe Freiheit noch mehr zu beschränken.

- Und wann werden die Menschen erkennen, begreifen, dass Gewalt nur Gegengewalt auslöst?

Wahrscheinlich erst, wenn ihr Überleben und Leben nicht mehr vom Geld abhängig sind.

> »Nichts ist so sicher geschützt, dass es nicht mit Geld erobert werden könnte.«
> Cicero

Die Lakaien der Macht – oder es geht nur ums Geld, das Macht begründet

Die Gesetze und Gerichte

> »Ein Gerichtskollegium, das Ungerechtigkeiten ausübt, ist gefährlicher und schlimmer als eine Diebesbande.«
> Friedrich der Große 1779

Es gibt allein in Deutschland zirka 85.000 Verordnungen und Gesetze. So können ***Sie täglich*** ein Jahr lang 232 Gesetze lesen, um informiert zu sein, ohne die Gesetze und Verordnungen gelesen zu haben, um auf dem Laufenden zu sein.
Sind Sie sicher, dass Sie nicht gerade gegen ein Gesetz verstoßen? Diesen Paragrafendschungel kann sicher auch kein Jurist kennen, geschweige denn ein Bürger. Bestimmt können das nicht mal die, die sie erlassen haben. Und laufend, fast täglich, kommen mehr dazu.

In Deutschland erlassen die Länder und Kommunen willkürlich Gesetze und erfinden fleißig neue Steuern, um ihre Kassen auf Kosten der Bürger zu füllen.
Bei der Regierung heißt das Reform. Das wird in anderen Ländern so oder ähnlich sein.
Wem dienen die Gesetze?
Die Gesetze dienen dem Schutz des Kapitals, zuerst wird das Eigentum geschützt. Und dann das Leben. Das ist an Urteilen ganz deutlich abzulesen. Zum Beispiel:
Alkohol am Steuer schützt vor harter Strafe, welch verkehrtes Recht? Was ist das für ein Recht, was für eine Moral, die nur die Täter schützt und nicht die Opfer? Was ist das für eine Welt, in der man Anteilnahme für verrückt hält oder exzentrisch.

Alkohol trinken und dann Autofahren, dieses verantwortungslose höchst gefährliche Verhalten für die Unversehrtheit von Leib und

Leben der anderen Verkehrsteilnehmer, der Öffentlichkeit muss unter schärfere Strafen gestellt sein! Fahrlässige Tötung kann man das schwerlich nennen, das ist doch Vorsatz! Es ist Vorsatz, Alkohol zu trinken! Es ist Vorsatz, sich zu betrinken, erst recht dann, wenn man weiß, dass man noch Auto fahren will oder muss. Was kann schwerwiegender sein, als ein Menschenleben zu vernichten? Das ist doch kein Kavaliersdelikt! Was ist ein Menschenleben wert? Was ist die Gesundheit eines Menschen wert?
Strafverschärfung aber würde der Alkoholindustrie schaden.
Ist der Alkohol beziehungsweise der durch seinen Verkauf gemachte Profit wieder wichtiger, wertvoller als Menschenleben?

Beispiel 2:
Ein Dieb, der ja ein Eigentumsdelikt begeht, wird schwerer bestraft als ein Mörder oder Kinderschänder. Moralisches Recht und das Recht der Justiz sind vielfach zwei verschiedene Sachen.

Ja, und dann heißt es, vor dem Gesetz sind alle gleich, ...nur manche sind ein bisschen gleicher, denn sie sind ein bisschen reicher.
Recht schaffenden Richtern sind durch neue und uralte ungerechte Paragrafen die Hände gebunden.

Das Militär

> »Wenn seit meiner Geburt alle Länder der Erde die Summen, die die Herstellung von Waffen verschlungen haben, für die biologische Forschung eingesetzt hätten, wären wir heute fähig, das Leben der Menschen bis zu 120 Jahren zu verlängern und ihre Jugend bis zu 90 zu erhalten.«
> Jean Rostand # Zitat aus dem Film »Staatsraison« von André Cayatte # Frankreich 1994

Natürlich schützt das Militär die Macht der Mächtigen, ist es doch in erster Linie dafür geschaffen worden.
Dem Volk werden viele abenteuerliche Legenden erzählt. Es werden immer neue Feindbilder geschaffen oder am »Leben« erhalten. Gefahren und Ängste werden geschürt, um die Daseinsberechtigung des Militärs zu begründen.
Im Auftrag des Pentagons sind derzeit neue Kriegsspiele für Computer auf den Markt gebracht worden. Sie werden über das Internet vertrieben, wobei auf den Seiten gleichzeitig rekrutiert wird; die spielenden Kinder und Jugendlichen werden auf den Krieg als »Abenteuer« getrimmt. Um neues »Kanonenfutter« zu bekommen, ist den Kriegstreibern skrupellos jedes Mittel recht.
Sie ziehen gesund in den Krieg und kommen, wenn überhaupt, dann als gesundheitliches »Wrack« zurück.

Im modernen Krieg werden die Länder nicht mehr erobert. Sie werden »befreit«, damit man sie dann besser ausbeuten kann.
Handel unter den Nationen beseitigt nicht die Armut! Wenn das stimmen würde, gäbe es schon längst keine Armut mehr! Wenn jetzt über Kürzungen und Umstrukturierungen beim Militär nachgedacht wird, geschieht das nicht, weil man endlich schlauer oder menschlicher geworden wäre, sondern es ist der Tribut an die leeren Staatskassen. Trotzdem darf nicht vergessen werden, was für ein profitables Geschäft das für die Rüstungsindustrie ist. Da werden Gelder verdient, deren Summe ein Volumen hat, das sich ein normaler Mensch kaum vorstellen kann. Es gibt Länder auf der Welt, deren Staatsbudget nicht mal so hoch ist!
Die Rüstungsindustrie ist, wen wundert es (?), eine der mächtigsten Lobbys der Welt.
Es werden immer ausgefeiltere Tötungsmaschinen gebaut, natürlich auch immer teurer, versteht sich. Und weil Tausende von verschiedenen Waffen immer noch nicht reichen, werden auch noch A-, B-, C-Waffen (A = Atomwaffen, B = bakteriologische Waffen, C = chemische Waffen) mit immer perfideren Wirkungen entwickelt

und gebaut, obwohl es Verträge mit Verboten zur Herstellung gibt. Die heute auf der Welt befindlichen Waffen können die gesamte Erdbevölkerung und den Planeten mehrfach vernichten.

Weil die Raffgier der Besitzer der Rüstungskonzerne aber unersättlich ist, müssen neue Märkte her.

- Waffenhändler verkaufen den Tod! Sie verbreiten die Gewalt und halten die Gewalt am Leben.

Weil das Militär und die Polizei als Abnehmer der Waffen nicht genügen, werden die Waffen weltweit an die Bevölkerung verkauft.
In Amerika gibt es mehr zugelassene Waffengeschäfte als Tankstellen!
Die Gewalt breitet sich aus, und wenn sie denken, dass Sie in einer kleinen friedlichen Stadt leben und dass dort nichts passiert, so können Sie ebenso sagen, dass Sie nie an Krebs oder Grippe erkranken können. Die Gewalt breitet sich aus wie ein Geschwür.

- Was ist das für eine Gesellschaft, in der Menschen erst eine Waffe holen, wenn es an der Tür klingelt, bevor sie öffnen?
- Was ist das für eine Gesellschaft, in der Häuser zu Hochsicherheitstrakten werden?
- Was ist das für eine Gesellschaft, in der sie an der Tankstelle nicht sicher sind vor einem Überfall?
- Was ist das für eine Gesellschaft, in der Schulen nicht nur zum Lernen, sondern auch zu Brutstätten der Gewalt und des Drogenhandels geworden sind?
- Was ist das für eine Gesellschaft, in der Kinder sich und ihre Mitschüler und Lehrer erschießen?
- Was ist das für eine Gesellschaft, in der Kinder und Menschen jeden Alters sich aus Zukunftsangst umbringen?

- Was ist das für eine Gesellschaft, in der Kinder Drogen nehmen?
- Was ist das für eine Gesellschaft, in der Kinder und Jugendliche für Drogen töten?
- Was ist das für eine Gesellschaft, in der Drogensüchtige von Dächern stürzen?
- Was ist das für eine Gesellschaft, in der Drogenkriege geführt werden?
- Was ist das für eine Gesellschaft, in der jährlich Tausende von Menschen Gewalttaten zum Opfer fallen?
- Was ist das für eine Gesellschaft, in der Menschen ermordet werden, um die Skandale der Reichen und Mächtigen zu verschleiern?
- Was ist das für eine Gesellschaft, in der menschliche Organe zur Ware werden?
- Was ist das für eine Gesellschaft, in der Menschen ermordet werden, um ihnen die Organe zu entnehmen?
- Was ist das für eine Gesellschaft, in der Kinder ohne ihr Wissen zu Versuchsobjekten für die Pharmaindustrie werden?
- Was ist das für eine Gesellschaft, in der im Auftrag der Regierung obdachlose Waisenkinder nachts erschossen werden? (z. B. Kolumbien)
- Was ist das für eine Gesellschaft, in der den ärmsten der Armen die kärglichen Behausungen angezündet und ersatzlos vernichtet werden …?
- …und sie ihrer ohnehin dürftigen Habe durch Brandstiftung beraubt werden für Bauland der Reichen?
- Was ist das für eine Gesellschaft, in der es Hotels für Hunde gibt und Menschen obdachlos sind?
- Was ist das für eine Gesellschaft, in der Kinder ihre Eltern erschießen?
- Was ist das für eine Gesellschaft, in der Väter ihre Familien morden?

- Was ist das für eine Gesellschaft, in der immer mehr Menschen, um zu überleben, zu Straßenräubern werden?
- Was ist das für eine Gesellschaft, in der immer mehr Menschen nur durch Kriminalität ihren Lebensunterhalt bestreiten können?
- Was ist das für eine Gesellschaft, in der Kinder zu Soldaten gemacht werden?
- Was ist das für eine Gesellschaft, in der in vielen Ländern große Flächen vermint sind?
- Was ist das für eine Gesellschaft, in der es Kinderprostitution gibt?
- Was ist das für eine Gesellschaft, in der Kinder sexuell missbraucht werden?
- Was ist das für eine Gesellschaft, in der es Zwangsprostitution gibt?
- Was ist das für eine Gesellschaft, in der täglich, soviel Schockierendes passiert?
- Was ist das für eine Gesellschaft, in der man sich an die Gewalt und Not gewöhnt hat?
- Was ist das für eine Gesellschaft, in der Gewalt und Not »normal« werden?

Wie verkommen ist eine solche Gesellschaft?

Die Liste der Verbrechen und des Leids ist nicht vollständig, das ist hier nicht möglich, das würde viel zu lang.

Um auf die Waffen zurückzukommen. Es gibt Berichte darüber, dass das Aidsvirus in einem Labor in Amerika künstlich gezüchtet wurde. Es sollte zur Kriegführung in bakteriologischen Waffen verwendet werden. Um den Virus zu testen, wurden zu lebenslänglicher Haft verurteilte Strafgefangene damit infiziert. Womit man nicht gerechnet hatte – einer dieser Gefangenen kam frei. Die Folgen kennt jeder. Aber für die Mächtigen war das nicht weiter tragisch, statt der

B-Waffen haben sie eben Präparate gegen Aids verkauft. Und es flossen neue Gelder für die Forschung zur Findung des Gegenmittels.
Und es wird in geheimen Laboren irgendwo auf der Welt weiter an todbringenden Vieren für Waffen geforscht. Bis der nächste Virus irgendwo irgendwann durch irgendwas aus dem Labor kommt. Es gibt auch heute schon viel zu viele Möglichkeiten, Menschen zu ermorden. Es gibt Gifte, die schon bei bloßer Berührung mit der Haut sofort tödlich sind.
Die Geheimdienste sind auch nur geschaffen worden, sich arglistig gegenseitig auszuspionieren und die Macht der Mächtigen zu sichern und zu schützen. Über die Methoden kann man Bücher füllen.

Wenn die Mächtigen von Terror reden, sprechen sie nicht von dem Terror, den sie verbreiten, sondern von ihrer Angst vor denen, die an ihrer Macht kratzen! Und für ihre Macht bedrohlich sind. Von denen, die Verzweiflungstaten zur Abschaffung der Macht und der Unterdrückung der Menschheit begehen. Diese Menschen werden schnell verteufelt, wobei viele davon im Glauben, etwas Patriotisches und Gutes für die Welt zu tun, auf ihrer Gehaltsliste stehen, sie sind Mittel zum Zweck für die Aktivitäten der Mächtigen, die Alleinherrschaft der Welt zu erringen! Die Menschheit neu zu versklaven.
Die zu recht empörte Menschheit wird mit Lügen und einer Reihe von Halbwahrheiten gefüttert.

Wenn die Dinosaurier der Dynastie der Macht einen Präsidenten nicht mehr brauchen, weil er seinen Zweck erreicht oder für die neuen Ziele nicht mehr zu gebrauchen ist, wird er, Sie wissen es, mit deren Geld geschickt und scheinbar aus reiner Menschenliebe wieder aus dem Rennen genommen!

Unter in Betrachtziehung aller Fakten kann man nur sagen, dass alle Regierungen dieser Welt nur ein Theater, eine Show für das

Volk inszenieren. Aber wirklich geholfen wird nur dem Kapital. Selbst wenn idealistische Politiker etwas bessern wollen, ist es ihnen nicht möglich, das liegt am System.

...Alleine in den über 2.000 Jahren seit Christi Geburt wurden für die Macht und den Reichtum Einzelner so viele friedliebende, gute Menschen getötet, dass die Erde mit ihrem Blut getränkt ist, getränkt mit so viel Blut, dass es bei jedem Schritt spritzen würde, wäre es nicht getrocknet!

> »Lebt ihr in neidlosem Glück, Erdenkinder? Auch ihr leidet dasselbe Geschick! Eine Hälfte von euch schmiedet in emsigem Schaffen immer wieder aufs Neue gegen die anderen die Waffen.«
> Jean de la Fontaine

Es sind keine kleinen grünen Männchen oder andere Allliens, die die Menschheit bedrohen und zerstören, es sind die Reichen und Mächtigen dieser Welt.
Es sind die »oberen Zehntausend« und die »Dynastie der Macht, die 220«.

» **Das Böse** hat **einen Namen: Geld und Macht.** «

Es ist eine Gesellschaft der Luftspiegelungen, die man sieht, denen man aber nicht trauen darf.

Warum funktionieren wir Menschen so gut in allen Systemen und Gesellschaftsklassen? – Oder die Ausnutzung von Instinkten und Naturgesetzen, denen auch der Mensch unterworfen ist

Im Laufe seiner Entwicklung hat der Mensch viele Metamorphosen, viele Stadien der Menschwerdung, bis zum heutigen Menschen, erfahren.
Einiges ist in der Evolution aber gleich geblieben:

- Der Mensch ist ein Herdentier – Menschen können nicht alleine leben.
- Kein Mensch kann ohne Essen leben.

Der Steinzeitmensch konnte sich noch von der Jagd und dem Sammeln von Beeren und Früchten ernähren. Es wurde nur so viel gejagt und gesammelt, wie zum Leben, auch in schlechten Zeiten, notwendig war. Dem Menschen von heute sind diese Möglichkeiten durch zahlreiche Umstände genommen.

- Menschen benötigen, je nachdem auf welchem geografischen Ort sie leben, mehr oder weniger Kleidung.

Die Steinzeitmenschen haben sich aus den Häuten der Tiere, die ihnen zur Nahrung gedient hatten, Kleidung angefertigt.

- Kein Mensch kann ohne ein Zuhause leben.

Frühere Menschen haben sich in Höhlen häuslich eingerichtet und gelebt. Auch das ist dem heutigen Menschen nicht möglich.

Das soziale Gefüge hat sich dem Geld und der Macht unterworfen. Der Mensch ist zur Kosten-Nutzen-Rechnung geworden.

Seine Grundbedürfnisse nach Nahrung, Wohnung, Kleidung usw. werden schamlos ausgebeutet.

Um diese Grundbedürfnisse, die genetisch und biologisch bedingt sind, befriedigen zu können, benötigt der heutige Mensch bekanntlich Geld. Und eine Arbeit, durch die er das Geld verdient. Durch die ständige Weiterentwicklung der modernen Technik und zunehmender Automatisierung in allen Bereichen wird die menschliche Arbeitskraft immer unnötiger, Arbeitsplätze für Menschen also kontinuierlich knapper. Folglich werden ebenso kontinuierlich immer mehr Menschen arbeitslos. Diese Entwicklung beschleunigt sich zunehmend. Der technische Fortschritt wird immer rasanter vorangetrieben und ist durch nichts aufzuhalten. Mit der gleichen Geschwindigkeit verschwinden die Arbeitsplätze. Es liegt Armut in der »Luft«, auch wenn die Politiker uns noch so sehr zu beruhigen versuchen.

Arbeitsplätze haben nichts mit Menschenfreundlichkeit zu tun. Keiner soll vergessen, dass Arbeitsplätze nur dem einen Zweck dienen, den Profit der Arbeitgeber zu mehren – wenn das durch Maschinen, Computer und andere Technologien billiger zu haben ist, fallen logischerweise dafür die Arbeitsplätze weg. Jeder kann selbst beobachten, mit welcher Geschwindigkeit sich Arbeitsabläufe verändern und von »Kollege Maschine« übernommen werden. Hier nur einige wenige Beispiele dafür: der Verkauf von Fahrkarten per Internet oder Fahrkartenautomaten statt Fahrkartenverkäufer in Bahnhöfen, Bussen, Flugzeugen usw. oder der Arbeitsplatzabbau in Banken durch mehr Online-Banken und Online-Banking, Online-Apotheken sparen Apotheker und so weiter, um nur ein paar zu nennen. Jeder kann selbst beobachten, wie alleine dadurch weltweit täglich Millionen Arbeitsplätze und Berufsgruppen ersatzlos für immer verschwinden.

Es liegt Armut in der »Luft«, eine weltweite Armut ungeahnten, unvorstellbaren Ausmaßes, von der auch die so genannten reichen Länder nicht verschont bleiben, und das in einer bisher nicht ge-

kannten Dimension – dies steht uns, der gesamten Menschheit, bevor.
Elendsviertel und Slums werden sich ausbreiten wie die Pest, wie ein Flächenbrand.

Um eine Arbeit zu erhalten, nehmen die Menschen jetzt schon vieles in Kauf. Schlechte Bezahlung, Mobbing, Diskriminierung, menschenunwürdige Arbeitsverhältnisse, schlechte Bezahlung bis hin zu Ausbeutung. Sie lassen sich vor den Karren der Reichen spannen, sie verdienen deren Reichtum und werden dabei selbst immer ärmer.

Keiner traut sich etwas zu sagen, aus Angst, den Arbeitsplatz und damit die Existenzgrundlage zu verlieren. Aber nichts zu sagen hält diese Entwicklung nicht auf.
Bereits heute gibt es auf der Welt mehrere hundert Millionen, eine skandalöse und erschreckende Anzahl (!), von Menschen, die in allergrößter Not »leben,« von ihnen sterben Tag für Tag zigtausend durch nicht behandelte Krankheiten und vor Hunger und Durst! Und bereits heute wird Tag für Tag die Anzahl notleidender Menschen größer. Daran können auch keine einzelnen Benefizveranstaltungen, die hier und da stattfinden, hinwegtäuschen. Jedoch, gemessen an dem Ausmaß an Armut, das der Menschheit bevorsteht, ist die derzeitige Armut noch gering.

Es wird in nicht allzu ferner Zeit der Tag kommen, an dem sich die Armut so weit ausgebreitet hat, dass das Heer der Armen alle Erziehung vergisst und die dann noch Bessergestellten aus Not ausplündert; es wird zu Unruhen, Anarchie und Bürgerkriegen weltweit kommen!

Wie wir jeden Tag von unseren Regierungen belogen und betrogen werden

Die größte Lüge ist, den Menschen immer wieder zu versprechen, dass es besser wird, wenn diese oder jene Reform verabschiedet wird.
Die Wahrheit ist, es wird immer schlimmer, vor allem für die Bevölkerung. Es werden immer mehr soziale Errungenschaften langsam, aber stetig abgeschafft. Die Steuern werden weiter erhöht und neue Steuern und Abgaben erfunden.

Die Kassen aller Regierungen sind leer. Sie werden auch leer bleiben, egal wie viel sie aus dem Volk noch herauspressen!

Das Geld hat den Besitzer gewechselt, und das tut es in jeder Minute mit rasender Geschwindigkeit weiter. Wo das ganze Geld ist?
Es wird dem Volk aus der Tasche gezogen und gelangt dann über den Umweg der »oberen Zehntausend« direkt zu den »Dinosauriern der Macht«. Sie erinnern sich: bei den »220« Dinosauriern der Macht.
Es wird immer mehr Geld in die Wirtschaft gepumpt, wo es dann auf Nimmerwiedersehen verschwindet. Aber uns wird weisgemacht, dass es Arbeitsplätze schafft oder erhält. Das ist eine Lüge, tatsächlich werden pro Tag mehr Arbeitsplätze vernichtet als geschaffen. Subventionen für die mächtigen Lobbyisten, aber nicht für die Bevölkerung.

Die Vertreter von Industrie und Wirtschaft haben die Regierungen in der Hand!
Ferner werden stillschweigend immer wieder Gelder für die Erhöhung von Ministergehältern und Abgeordneten ausgegeben. Das muss aber bei leeren Kassen erst mal bei den wirklich Bedürftigen gekürzt oder ganz gestrichen werden.

Es kann sich nichts bessern! Das liegt im/am System!
Selbst einzelne Politiker mit den lobenswertesten und besten Vorsätzen können nur Flickwerk leisten, aber nicht das Übel an der Wurzel packen, denn dazu müsste ein neues Gesellschaftssystem geschaffen werden. Das liegt am vorherrschenden System, dass sich für die Mehrheit der Menschen alles nur verschlechtern und nicht verbessern kann. Einen wirklichen Wandel zum Wohle aller kann nur die Menschheit in ihrer Gesamtheit vereint schaffen.

Der zunehmende Zerfall, das Ende der Demokratie werden durch den Rückbau sozialer Leistungen deutlich.
Der Rückbau sozialer Leistungen und sozialer Gerechtigkeit in Deutschland hat bereits mit den folgenden Maßnahmen begonnen: Kürzung der Altersrenten, stetige Erhöhung des Renteneintrittsalters, Stopp des Inflationsausgleichs bei den Renten, Einführung von Praxisgebühren bei Ärzten, hohe Krankenkassenbeiträge bei gleichzeitiger Kürzung der dafür erhältlichen Leistungen, höhere Arbeitszeiten bei geringerer Bezahlung, härtere Bedingungen zum Erhalt von Arbeitslosengeld, Kürzungen von Mitteln für Beratungsstellen sowie zahlreiche Schließungen von Beratungsstellen aller Art. Weitere Maßnahmen werden in den kommenden Jahren folgen. Ebenso folgen solche oder ähnliche Maßnahmen in den nächsten Jahren auch in anderen Ländern, das ist ein globaler Prozess. Aushebeln der Gewerkschaften und ihres Einflusses, alles, was sich die Menschen in Jahunderten an sozialen Verbesserungen erkämpft haben, wird nach und nach zum Wohle des Kapitals wieder rückgängig gemacht.

> »So eigensinnig widersprechend ist der Mensch; zu seinem Vorteil will er keine Nötigung, zu seinem Schaden leidet er jeden Zwang.«
> Johann Wolfgang von Goethe

Derzeit gibt es auf der Welt, abgesehen von anderen Gesellschaftsordnungen, Demokratie im kapitalistischen, besser imperialistischen System in drei unterschiedlichen Entwicklungsstufen.

Unter anderem heißt Demokratie: der Wille der Mehrheit, aber tatsächlich ist es der Wille des Geldes. Das Geld regiert, nicht der Wille der Mehrheit oder die Vernunft.

Die alte Demokratie in den Industrieländern, die Länder, in denen sie zuerst aufkam, in der so genannten »Ersten Welt«. Diese »alte« Demokratie ist am Ende. Am deutlichsten wird das am Beispiel Amerikas, dort ist die Demokratie am weitesten ausgehöhlt und nur noch ein Papiertiger, im weißen Haus sitzen nur noch Großindustrielle.

Dann gibt es die »junge« Demokratie in den Ländern, die erst seit zirka sechzehn Jahren oder weniger dabei sind, diese Gesellschaftsordnung aufzubauen, wobei sie durch viele Umstände viel früher an die Grenzen der Demokratie gelangen. Das heißt, dass sich auch die Geringschätzung und Ausbeutung der Menschen, zunehmende Verarmung schneller bemerkbar machen, sodass sie im Aufbau bereits dem Untergang geweiht ist, der Untergang schon sichtbar ist.

Und zuletzt gibt es die »neue, vorbereitete« Demokratie, die Demokratie für Länder, die durch Krieg und/oder Politik, Wirtschaft geschaffen werden soll, schon erste Schritte gehen in diese Richtung, wobei auch in diesen Ländern sich diese Gesellschaftsordnung schneller überlebt haben wird, als es dauert, sie aufzubauen.

Ganz kurz zur Demokratie

Was verbirgt sich eigentlich hinter diesem so erhaben klingenden Wort?

- Es stammt vom griechischen Demokratia und heißt zu Deutsch: Volksherrschaft.

Man kann auch sagen: Herrschaft des Volkes, die Staatsform, die in der klassischen Staatsformlehre, besonders der Antike, als Alternative zur Monarchie und zur Aristokratie gesehen wurde, heute jedoch vor allem als Gegensatz zur Diktatur begriffen wird.

- Eine heute verbreitete Charakterisierung der Demokratie prägte A. Lincoln, 1861 – 1885 Präsident der USA, bei der Einweihung des Nationalfriedhofs in Gettysburg 1863: Regierung des Volkes durch das Volk und für das Volk.

So weit, so gut, es handelt sich also um eine Staatsform, bei der der Wille des Volkes in einer Verfassung festgelegt wird und darüber hinaus durch freie Wahlen vom Volk diejenigen Volksvertreter (Politiker) gewählt werden können, denen vom Volk durch Mehrheitsentscheidung das Vertrauen ausgesprochen wird, in ihrem, dem Volksinteresse, zu handeln.
Der Staat hat die Grundrechte des Bürgers zu achten, zu schützen und zu gewährleisten (Menschen und Bürgerrechte).

- Aber wie sieht es heute in der Praxis damit aus? In einer Gesellschaft, die vom Geld, vom Kapital so stark wie nie zuvor beherrscht wird?
- Wie kann in einer Gesellschaftsordnung, in der die Wirtschaft in Privathand ist, das Volk herrschen?

Das Volk kann nur in einem sehr beengten Rahmen herrschen, eigentlich nur in dem Rahmen, der ihm von der Wirtschaft zugebilligt wird, und der wird immer enger, je mächtiger die Wirtschaft wird.

- Die wahren Herrscher sind die Besitzer der Konzerne, der Konzernimperien.

Da es also Privatwirtschaft ist, kann die Regierung (vom Volk gewählt) keine Arbeitsplätze schaffen. Sie kann bestenfalls Rahmenbedingungen schaffen, diese Bedingungen aber werden der Regierung wiederum mehr oder weniger (je nach Partei, Volkspartei oder Partei der Industrieellen) von der Wirtschaft, den Konzerninhabern diktiert. So sind Politiker, also Volksvertreter, im Auftrag der Wirtschaft unterwegs, um neue Märkte (= neue Verbraucher) für die Wirtschaft zu erschließen.
So ist es auch möglich, dass die superreichen Konzernbesitzer, die ja nur ihren eigenen Wohlstand und Profit im Auge haben, mit den Menschen, die für sie arbeiten und ihnen diesen Reichtum überhaupt erst erarbeitet haben, mit den Menschen machen, was sie wollen. Nach dem Motto: Der Mohr hat seine Schuldigkeit getan, der Mohr kann gehen.

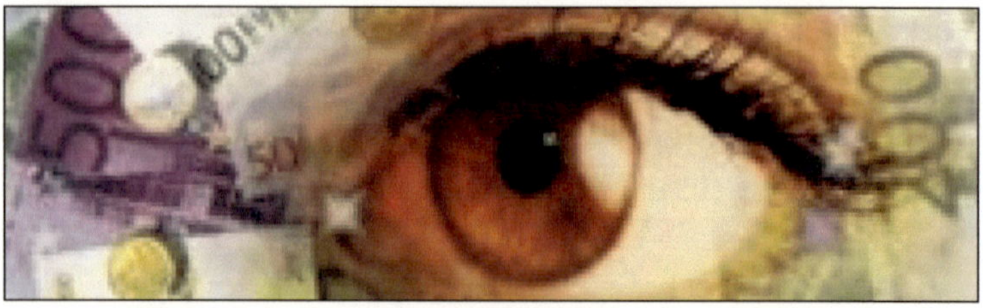

Es zeigt sich ganz deutlich, dass es keine Demokratie ist.

- **Sie erinnern sich: Demokratie = Volksherrschaft.**

- **Demokratie und Kapitalismus (= freie Marktwirtschaft) sind wie Hund und Katze.**

- Und erst Demokratie und soziale Markwirtschaft, das gleicht einer Kreuzung von Hund und Katze. Das kann es einfach niemals geben.

Die moderne Technik – Fluch oder Segen?

Um es vorwegzunehmen:

- Dient sie dem Profit, ist sie ein Fluch.
- Dient sie dem Menschen, ist sie ein Segen.

In den nächsten Jahren werden zunehmend schneller Millionen und Abermillionen von Arbeitsplätzen auch durch die weitere Automatisierung und die Weiterentwicklung von Technologien wegfallen.
Heutzutage weiß fast jeder, was ein Computer, ein Handy, ein Auto und vieles andere mehr sind. Viele Menschen besitzen oder benutzen diese Dinge. Sie verbreiten sich unaufhaltsam immer mehr. Sie helfen uns, den immer hektischer werdenden Alltag zu bewältigen.

Aber kennen sie schon das Neuste aus der Nanotechnologie, der Welt der Technik: die sogenannten RFID-Chips? RFID = Radio Frequenz Identifikation.
Diese Chips sind viel kleiner als ein Stecknadelkopf und sehr flach, absolute Minichips, schon in Nanogröße. Sie werden an ein x-beliebiges Produkt angebracht und senden dann ein Signal an einen Empfänger, der überall stehen kann und dann die übertragenen Daten liest und auswertet.
Die Chips werden derzeit in der Warenlogistik eingesetzt. Also, ein Paar Schuhe wird bei der Herstellung mit einem solchen Chip versehen. Dann werden die Schuhe an den Großhändler verkauft, dieser kontrolliert den Preis, den Wareneingang und die Stückzahl mittels eines Laserscanners, der das Signal des Chips empfängt. Das geht so weiter über den Händler zum Kunden. So weit, so gut, aber nun, wenn Sie mit den Schuhen das Geschäft verlassen, wird das Signal ständig weiter gesendet.
So ist es jederzeit möglich, sie auszuspionieren und ihren genauen

Standort zu ermitteln. Diese Spionagechips werden bereits schon in Joghurtbechern, Jacken, Schuhen und vielen anderen Produkten getestet. Der transparente Kunde.
Dass sie sich noch nicht überall durchgesetzt haben, liegt nur an dem noch hohen Preis. Aber das ändert sich bereits mit der größeren Verbreitung. Wenn es nach den Wünschen des Herstellers der Chips geht, wird künftig ein Schneeballeffekt dafür sorgen, dass in alles und jedes, was sie sich vorstellen können, dieser Chip enthalten sein wird.
Und es kommt schon mehr Bewegung in den Markt, das Militär hat schon, wie könnte es anders sein, sein Interesse für die Schnüffelchips bekundet.

Datenschutz ha, ha – längst ausgehöhlt –, nur noch leere Worthülse.

In verschiedenen deutschen Großstädten laufen Großversuche mit Kameras, die die Kennzeichen aller Fahrzeuge auf bestimmten Kreuzungen registrieren.
Übrigens die Schnüffelchips werden schon Kühen und anderen Tieren implantiert. Es macht den Chips nichts aus, ob sie aus Gegenständen oder Lebewesen senden.
Der »gläserne Mensch« lässt grüßen. Die totale Überwachung. Es ist nur eine Frage der Zeit, wann der Chip, neue Dimensionen der Spionage erreichend, dem Menschen eingepflanzt wird. Der totale Überwachungsstaat ist bereits im Aufbau!

Bereits jetzt, nach der gelungenen Testphase der Chips, werden Leute in Gang gesetzt, die uns weismachen sollen, das sei alles völlig harmlos und jede Sorge total überflüssig, und warnende Stimmen würden übertreiben, und es sei nicht gefährlich …
Es gibt viele Paradoxa, die in der Schizophrenie des Systems liegen.

»Sonderbar, dass es den Wölfen immer wieder gelingt, die Welt von der Gefährlichkeit der Schafe zu überzeugen.«
Austin O'Malley

Es geht wieder um verdammt viel Geld.

Die Illusion, das System könnte so weitermachen

Das System Demokratie liegt in den letzten Zügen. Das, was wir derzeit erleben, ist der Untergang der Demokratie. Das bisher am höchsten entwickelte Gesellschaftssystem, die Demokratie, ist am Ende.
Angesichts leerer Kassen und darüber hinaus hoher Staatsverschuldungen in allen Ländern und Lebensbereichen gibt es nur eine Alternative für die Menschheit: eine friedliche Neuordnung der Welt.
Egal, was noch passiert, alle Anstrengungen sind vergebens, es kann die Dringlichkeit einer Neuordnung nicht ersetzen oder verhindern. Das sind alles nur Versuche, den im Koma liegenden Patienten Demokratie länger am Leben zu halten.

Ferner sind es die letzten Runden im Kampf der Giganten, der Dynastie des Geldes und der Macht um die Alleinherrschaft der Welt.

Die Arbeitslosigkeit kann nicht beseitigt werden, das ist eine Illusion. Wer all das weiß und es dennoch behauptet, lügt skrupellos.
Was immer uns unsere Regierungen sagen, es ist nichts anderes als eine gigantische weltumspannende Posse, aber ein Drama für die Menschen.
Es gibt viele Methoden, mit denen unbeliebte System-/Regimekritiker und Menschen, die etwas verbessern wollen, demontiert und zum Schweigen gebracht werden in allen derzeit auf der Erde vorherrschenden Gesellschaftsordnungen.
Es wird auch gesagt, dass System-/Regimekritiker für uns alle eine bedrohliche Weltanschauung haben. Ist sie für uns, das Volk, wirklich bedrohlich? Oder ist sie nur für die Reichen und ihre Macht bedrohlich?

Die Menschheit rast aus verschiedenen Richtungen auf ihren Untergang zu, selbst wenn man es leugnet, ändert das nichts an der Tatsache.

- Wann hält die Menschheit inne, wann erkennt sie ihre Lage?

> »Die Fähigkeit zur Verantwortung ist Menschenwürde in ihrer höchsten Form und alles andere als ein Geschenk oder ‚Gnade' höherer Mächte. Nur der Mensch selbst erwirbt und bewahrt sie durch Arbeit an sich, und wer nichts tut, ist ohne echte Würde.«
> Max Steenbeck

Viele Menschen wollen die Situation nur nicht wahrhaben, als würde es dann nicht passieren. Zu glauben, eine Katastrophe würde dadurch verhindert, indem keiner hinsieht, ist genau so dumm wie zu glauben, alle Unfälle, die pro Tag weltweit passieren, würden nicht stattfinden, weil man nicht dabei war, weil man es nicht gesehen hat.

- Wann tut die Menschheit etwas für sich, für ihre Freiheit, für ihren Fortbestand?
- Wann wechselt sie den Kurs zum Positiven?

Es ist so spät, aber …die Menschheit tanzt um das »Goldene Kalb« und tanzt und tanzt und tanzt …sie tanzt schon kurz vor dem Abgrund, sie sieht es nur noch nicht.
Ist die Menschheit vom Geld so verblendet?

Die Menschheit muss sich auf sich selbst besinnen – Die Menschheit muss auf Gottes Weg finden

In den vergangenen Jahrtausenden wurden Gottes Wort und die christliche Lehre um die Welt getragen. Von den Menschen wurden viele verschiedene Zweige der Religion geschaffen. Gott hat viele Namen erhalten: Allah, Buddha …, und die Menschen haben viele Götter, aber es gibt nur einen Gott für uns alle, gleichgültig, wie wir ihn nennen. Gott liebt uns alle, die Guten wie die Missratenen; denn wir sind seine Schöpfung, wie das Tier, die Natur und unser Sonnensystem.

Die verschiedenen Religionen haben sich gegenseitig in Machtkämpfe verstritten und zersplittert. Andersgläubige wurden und werden verfolgt.
Die Welt ist reif für die Erkenntnis, dass auch Kirchenfürsten in den Jahrhunderten viele Fehler gemacht haben in Machtkämpfen untereinander. Die Machtkämpfe zwischen Kirche und Staat waren auch nicht gerade förderlich für Gottes Wort.
Es wird Zeit, dass die Kirchen aller Konfessionen aufeinander zugehen und gemeinsam Gottes Wort leben. Es wird Zeit, dass die Menschen nach den Zehn Geboten Gottes leben zum Wohle und zum Glück aller.

> »…Die Zehn Gebote sind deshalb so kurz und verständlich, weil sie ohne Mitwirkung einer Sachverständigenkommission entstanden sind.«
> Charles de Gaulle

Die heiligen Zehn Gebote Gottes

Ich bin der Herr, dein Gott.

1. Du sollst keine fremden Götter neben mir haben; du sollst dir kein geschnitztes Bild machen, dasselbe anzubeten.
2. Du sollst den Namen Gottes, deines Herrn, nicht vergeblich führen.
3. Gedenke, dass du den Sabbat heiligst.
4. Du sollst Vater und Mutter ehren, auf dass es dir wohl ergehe und du lange lebst auf Erden.
5. Du sollst nicht töten.
6. Du sollst nicht ehebrechen.
7. Du sollst nicht stehlen.
8. Du sollst kein falsches Zeugnis geben wider deinen Nächsten.
9. Du sollst nicht begehren deines Nächsten Weib.
10. Du sollst nicht begehren deines Nächsten Haus, Acker, Knecht, Magd, Ochs, Esel, noch alles, was sein ist.

Vom Vater im Himmel zu lernen, hier auf Erden ein guter Mensch zu sein, bringt den Menschen Frieden, Freiheit und das Paradies auf Erden.

Ich sehe voller Sorge, dass viele Menschen voll Hochmut sind. Potenzierte Eitelkeit und Selbstherrlichkeit grassieren. Menschliche Zuwendung, respektvoller Umgang miteinander gehen immer mehr verloren. Viele sind gleichgültig und abgestumpft oder verzweifelt, resigniert. Intime menschliche Gefühle werden vermarktet. Es fehlt den Menschen an Mitgefühl und Nächstenliebe. Immer mehr gehen die Tugenden der Menschen, das Kostbare im Menschen verloren. Sie werden der täglichen Mühsal, Hektik, Stress, Angst im Ringen um das Leben oder Überleben geopfert. Und immer mehr werden davon betroffen, es breitet sich aus wie ein Krebsgeschwür. Ich glaube an Gott, seine Güte und seine Allmacht.

- Und ich bitte Gott, dass er uns führt.
- Und ich bitte Gott, dass er uns noch ein letztes Mal vergibt, was Menschen Menschen antun.
- Und ich bitte Gott, dass er die Menschen erkennen lässt, was sie tun.
- Und ich bitte Gott, dass er die Menschen erkennen lässt, was sie ihm und sich antun.
- Und ich bitte Gott, dass er uns ein letztes Mal vergibt, was Menschen den Tieren und der Natur antun.
- Und ich bitte Gott, dass die Menschen verstehen, dass nicht Gott ihr Leid geschaffen hat, sondern das Geld, welches sich die Menschen geschaffen haben.
- Und ich bitte Gott, dass die Menschen verstehen, dass sie für ihre Taten verantwortlich sind und nicht Gott.
- Und ich bitte Gott, dass sein großmütiges Geschenk einer zweiten Chance für die Menschheit angenommen und nicht weiter stillschweigend alles hingenommen wird, als wäre es unabänderlich.

…ein Fischer fuhr mit seinem Boot auf das Meer hinaus, obwohl er sah, dass ein Sturm aufzog. Auf die warnenden Worte seiner Freunde sagte er: »Mir wird nichts passieren, Gott beschützt mich.«
Er fuhr in den Sturm, und es kam, wie es kommen musste: Sein kleines Fischerboot versank. Er ertrank nicht und betete zu Gott: »Lieber Gott, bitte, rette mich aus der Not.« Gott hörte sein Gebet und gab ihm den Rettungsring in das tobende Meer. Aber er sagte: »Was brauche ich einen Rettungsring, Gott wird mich retten. Und er betete wieder: »Lieber Gott, bitte, rette mich aus der Not.« Gott hörte wieder sein Gebet und schickte ihm ein kleines Schiff. Er winkte aber ab und sagte: »Gott wird mich retten.« Er betete erneut und Gott schickte ihm ein großes Schiff,

aber wieder winkte er nur ab und sagte: »Gott wird mich retten.« Abermals betete er zu Gott, ihn zu retten, aber Gott sagte: »Du bist nicht zu retten, dir kann selbst ich nicht helfen …«

Wieso widerfahren uns immer wieder Dinge, die sich vom Verstand nicht erklären lassen? Das Unglaubliche, Unfassbare?
Nicht alles im Leben lässt sich mit Logik oder Wissenschaft erklären, aber mit Glaube und dem Vertrauen auf Gott.

Die Menschen haben es zugelassen, dass sie vom Wege Gottes abgewichen sind. Nicht Gott, sondern die Menschen haben sich selbst aus dem Paradies vertrieben. Die Menschen waren es, die den falschen Weg gewählt haben, den Weg des Geldes. Gott hat uns das Paradies auf Erden gegeben, unseren Planeten, nicht im Himmel. Die Unsterblichkeit ist Gott und den Gläubigen vorbehalten!
Gott gibt heute in dieser Epoche der Menschheit eine neue Chance zum Leben im Paradies, im Garten Eden. Das gelobte Land ist überall, ist unser Planet, die Erde.

Das Geld und die Macht sind von den Menschen geschaffen worden und nur der Mensch, die gesamte Menschheit können dies wieder abschaffen. Das ist nicht die Aufgabe Gottes, sondern die der Menschen.

Das Baby kommt nicht mit Geld aus dem Körper seiner Mutter: Wenn es das gebraucht hätte, so hätte es ihm Gott gegeben. Das Geld ist eine Erfindung der Menschen, um andere zu beherrschen, ihnen die gottgegebene Freiheit zu rauben.

Die Menschen müssen sich ihr Paradies selber schaffen, indem sie sich nicht mehr vor der Macht ducken, sondern alle von Menschen geschaffene Macht abschaffen. Die Menschheit muss sich von der Geißel der Macht selbst befreien.

Die Welt muss neu geordnet werden, damit sie das von Gott gewollte Paradies wird. Jeder Mensch verdient es, als Persönlichkeit mit Respekt und mit Würde behandelt zu werden. Der Mensch und sein Wohl müssen über allem stehen, oberste Priorität haben. Unabhängig, womit er seinen Beitrag zum Wohle aller leistet.
Die klassenlose Gesellschaft ist Gottes Wille.
Nicht Gott hat die Hierarchie der Macht entwickelt, es war und ist der Mensch!
Auch wenn ich es wiederhole: Gott ist nicht schuld an dem Elend dieser Welt! Das Elend und die Not haben sich die Menschen selbst geschaffen. Nicht Gott mordet, macht die Kriege, die Armut, es sind die Menschen, seine ungehorsamen Kinder!

- **Gott ist unser himmlischer Vater.**
- **Gott ist nicht unser Diener!!!**
- **Gott ist Gott!**

Gott ist nicht für alle Ewigkeit der »Sündenbock« dieser Welt. Gottes Sohn ist einmal für uns und die Sünden der Menschen am Kreuz gestorben. Aber es ist vermessen und respektlos zu erwarten, dass nun Gott in alle Ewigkeit all unsere Schuld und schlechten Taten auf sich nimmt und sie uns pausenlos vergibt. Wir Menschen können nicht für alles, was wir Schlechtes tun, Gott die Verantwortung zuschieben. So einfach können wir uns das nicht machen. Abgesehen davon, dass es Blasphemie ist. Nein, Gott ist nicht für unsere Taten verantwortlich. Schon im Alten und Neuen Testament steht geschrieben: »Ihr sollt den Herrn unseren Gott nicht versuchen.«
Jeder, absolut jeder ist für das, was er tut oder nicht tut, selbst verantwortlich. Wir können nicht einfach sagen, das ist Gottes Plan. Nein, nein, nein und nochmals nein, wir sind längst von seinem Plan, seinen Geboten weit abgerückt.
Dafür braucht uns Gott gar nicht mehr selbst zu bestrafen, er sieht auf welchem Weg wir gehen. Er braucht uns nicht mit einer neuen

Sintflut für all das Schlechte, das Unrecht, die Gier, die Kriege, das Leid, was Menschen anderen Menschen antun, bestrafen, er braucht nur zuzusehen, zuzusehen so lange, bis die Menschen sich selbst vernichtet haben. Für die Sintflut und andere Katastrophen sorgen wir heutigen Menschen schon selbst. Denn dass sich die Menschheit auf diesem Wege selbst vernichtet, ist so sicher wie das Amen in der Kirche.

Wenn Sie Ihrem großen, vierzehn Jahre alten Kind sagen, ihm gestatten, es darf im Park Ballspielen, aber es soll nicht mit seinem Ball auf der Straße spielen, weil es dort zu gefährlich ist, sind Sie dann schuld, wenn das Kind gegen Ihr Gebot verstößt und doch auf der verbotenen Straße spielt?

- Sind Sie dann schuld, wenn der Ball auf die Fahrbahn rollt?
- Sind Sie dann schuld, wenn Ihr Kind dem Ball nachrennt?
- Sind Sie dann schuld, wenn dann gerade ein Auto kommt?
- Sind Sie dann schuld, wenn das Auto Ihr Kind überfährt?
- Sind Sie dann schuld, weil Sie Ihrem Kind den Ball geschenkt haben?
- Sind Sie dann schuld an dem Leid, das Ihnen durch das Unglück Ihres geliebten, aber ungehorsamen Kindes widerfährt?
- Warum soll dann Gott an unserem Ungehorsam Schuld haben?

Heute in dieser verkommenen Welt sollte keiner auf dem hohen Ross sitzen, sich sicher fühlen und denken, dass er nicht verarmen kann und sein Geld, sein Job sicher wären; je schneller das Geld nach »oben« strömt, umso schneller breitet sich »unten« die Armut aus. Und das geht schnell, das ist wie ein Rennauto in der Zielgeraden. Das Imperium der Großkonzerne kämpft schon um den ersten Platz und den nächsten Planeten.

Uns werden Zahlen in Milliardenhöhe um die Ohren »gehauen«, die die Regierung da und dort einspart oder kürzt. Das erweckt den Eindruck, dass etwas da ist, was man sparen kann. Die Wahrheit ist, die Kassen sind weltweit leer. Die Wahrheit ist, dass nur keine neuen Kredite für diese Bereiche mehr aufgenommen werden. Die Wahrheit ist, dass sich die Welt zu einem einzigen, gigantischen Armenhaus entwickelt. Und das mit zunehmender Geschwindigkeit. Auch wenn es derzeit noch recht gut verschleiert wird, ja sogar der Eindruck erweckt wird, dass es vielen Menschen besser geht. Die Wahrheit ist, es geht nur wenigen Menschen auf Dauer wirklich besser.
Wir werden auf diese Art nur in eine in Wirklichkeit nicht vorhandene Sicherheit gewogen.
Dass Geld von den Großkonzernen als »großzügige« Spenden in einzelne Bereiche fließt, dient auch nur dem Selbstzweck, den Profit anzukurbeln, um schneller deren Endziel zu erreichen. Dass das Geld immer schneller abgeschöpft wird, dafür sorgen die Regierungen. Die Preistreibereien der Konzernimperien tun ein Übriges. So die Energiekonzerne, um nur ein Beispiel von vielen für ein Konzernimperium zu nennen, die die Menschen mit ihrer unersättlichen Preistreiberei ruinieren, wobei sie selbst immer mächtiger werden.

Wie lange wollen wir uns noch von diesen Leuten einreden lassen, dass diese Ausbeutung Gottes Wille oder Gottes Schuld sei? Das ist Menschen- oder allenfalls Teufelswerk! Aber niemals, niemals Gottes Wille!

> »Freiheit wird nie geschenkt, immer nur gewonnen.«
> Heinrich Böll

Die zwei Möglichkeiten der Menschheit
oder
die Menschheit am Scheideweg –
zwischen Apokalypse oder Neubeginn

> »Der schlimmste Weg, den man wählen kann, ist der, keinen zu wählen.«
> Kaiser Friedrich II.

Jetzt, am Anfang des dritten Jahrtausends seit Christi Geburt, entscheidet es sich, ob die Menschheit noch eine Zukunft hat.

Gott schütze unsere Erde, die Menschen, Gottes gesamte Schöpfung.
Möge Gott den Menschen genügend Freiheitsliebe und genügend Verstand geben, sich und Gottes Schöpfung zu retten und zu erhalten.

Gebe Gott allen Menschen genug Ehrfurcht vor dem Leben und vor Gott.

Erste Möglichkeit:

Die Menschheit vernichtet sich selbst, dazu gibt es verschiedene mögliche Varianten. Hier nur eine kleine Auswahl.

Wir sitzen auf einem »Pulverfass«.
Durch die Kriegstreiber wird ein dritter, alles vernichtender Weltkrieg entfesselt. Ein Krieg, der durch seine Eigendynamik, nicht, wie von den Kriegstreibern angenommen, »unter Kontrolle« zu halten ist.

Oder eine andere Möglichkeit: Wir halten uns die Augen **zu**, ducken uns weiter wie das Kaninchen vor der Schlange und lassen uns beherrschen.
Dann lassen wir alles so laufen wie bisher und sehen zu, wie uns in drei bis sechs Jahren Chips implantiert werden, die uns zu humanoiden Robotern machen. Die Geheimpläne dafür existieren bereits und liegen schon in Tresoren der Konzerne und Regierungen!
Es wird nicht viel länger als diesen Wimpernschlag dauern, bis sich die Chips und die Überwachung verselbstständigt haben! Wir sehen zu, wie unser Menschsein aufgegeben wird. Schlimmer noch, wir helfen unbewusst oder bewusst dabei mit.
Wir können auch abwarten, bis wir überhaupt nicht mehr gebraucht werden oder warten, bis wir uns selbst ausgerottet haben.
Daimler-Chrysler rühmt sich damit, dass das Durchschnittsalter seiner Mitarbeiter zweiunddreißig Jahre ist. Was passiert, wenn die Mitarbeiter dreiunddreißig Jahre alt werden? Werden sie dann deswegen entlassen? Wenn man diese Maxime konsequent anwenden würde, müssten sich die Konzernvorstände alle selbst entlassen!
Wir können auch abwarten, bis der Jugendwahn so weit fortgeschritten ist, dass Gesetze erlassen werden, dass jeder über fünfunddreißig die Giftspritze bekommt. Aber vielleicht werden ja auch diese Gesetze erlassen aus Angst vor dem Heer der verarmten, hungernden und durstenden Menschheit.
...Die Welt dreht sich immer weiter, und es wird alles bleiben, wie es war, nur das es dann die Menschen in nicht mehr ferner Zukunft nicht mehr geben wird. Auch nicht diesen Planeten, wie wir ihn heute kennen. Die Menschen werden sich so lange durch Roboter ersetzen, bis sie sich eines Tages selbst ersetzt haben. Dann ist das der Planet der Roboter, in dem die übrig gebliebenen Menschen die Diener der Roboter sind.

»...der Computer ist die logische Weiterentwicklung des Menschen:
Intelligenz ohne Moral.«
John Osborn

Es ist ein winziges Zeitfenster, in dem das alles passieren wird, mit einer Geschwindigkeit, die uns dann keine Zeit mehr lässt, uns zu besinnen.
Bevor wir es verstanden haben, ist es schon vorbei mit der Menschheit.
Das Resultat ist von Anbeginn an sichtbar, keiner kann sagen, er habe es nicht gewusst! Keiner kann sagen, er hätte nichts dagegen machen können!

Ich hoffe nur, dass die Menschen gelernt haben, aus ihrer Geschichte zu lernen, und nicht erst anfangen, etwas gegen den globalen Holocaust zu tun, wenn die »Massenvernichtungslager« schon gebaut sind.
Es gibt viele Paradoxa, die in der Schizophrenie des Systems liegen.

Die neue Dimension der Überwachung ist kein Science-Fiction mehr – die(se) Zukunft hat schon begonnen.

Aber ist es das, was wir wollen?

Die Entwicklung der implantierbaren Chips zu angeblich lebensverbessernden Zwecken wird energisch vorangetrieben. Bereits jetzt in diesem frühen Entwicklungsstadium und den ersten erfolgreichen Testphasen bei Tieren zeichnen sich die vorgesehenen Ziele ab. Die Nanotechnologie gilt zunehmend als Zukunftstechnologie schlechthin, aber wird sie uns beherrschen? Oder beherrschen wir sie?
Bei den Tieren ist die erste Testphasenreihe bereits abgeschlos-

sen. Die Übernahme und die Einführung in den Markt sind für die Tiere bereits erfolgt. Der Verkauf ist in vollem Gange. Verkaufsargument: Der Chip soll die Rinder und andere Tiere vor Diebstahl schützen und ihren Weg verfolgen und anderes mehr. Auf diese Art vergrößert sich das Testfeld zum Sammeln weiterer Daten. Die täglichen Erkenntnisse dienen der Weiterentwicklung der nächsten Generation der Chips, die den Menschen eingepflanzt oder gespritzt werden sollen. Erste Generationen der in den Menschen implantierbaren Chips sind schon am Menschen getestet worden.
Der Verkauf der Chips für die Tiere bringt den Entwicklerfirmen zusätzliche Gelder, Vorzeigeobjekte und kostenlos auswertbare Daten.

Wenn man in Betracht zieht, dass es zum Beispiel mit der Regierung von Brasilien bereits einen Kaufvertrag mit einem amerikanischen Konzern gibt, der vorsieht, 75.000 Chips noch in diesem Jahr – 2004 – nach Brasilien zu liefern, braucht es wenig Fantasie, um zu erkennen, zu welchem Zweck.
Brasilien ist nicht zufällig für den Start der Implantierung und Einführung der Chips in Menschen ausgewählt worden. Sind doch in der Regierung und Polizei Verbrecher, die sich auf diese Weise der gerechten Bestrafung entzogen haben.

So wird es auch keine Zeugen bei Toten oder Geschädigten der Versuchsreihe geben. Dem Großversuch zur Einführung dieser ach so »menschenfreundlichen Chips«. Es wird auch keine Zeugen für die Machenschaften ihrer sosehr um uns alle »besorgten« Hersteller geben. In den so genannten Dritte-Welt-Ländern und auch in Ländern Osteuropas werden die Menschen als menschliche Versuchsobjekte missbraucht, wobei ihre Geldnot schamlos ausgenutzt wird.

Die Menschen, denen diese Spionagechips injiziert oder implantiert werden, sind der totalen Kontrolle ausgesetzt. Sie kennen

nicht den vollen Umfang der Daten, die von ihnen erfasst werden, und können das selbst nicht kontrollieren; sie sind wie Vieh markiert.
Einige der ersten Versuchsobjekte waren übrigens einzelne amerikanische Soldaten.
Dieser neuerliche Feldversuch in Brasilien soll weitere Erkenntnisse unter anderem auch über die Möglichkeit und Tauglichkeit der Lokalisierung per Satellit beim Empfang der Daten bringen, sodass es dann nicht nötig ist, in der Nähe des »Objekts« zu sein, um die Daten zu erhalten.
Es wird nicht nur der Aufenthaltsort ermittelt, sondern alles, was sie sich vorstellen können: was sie einkaufen, was sie essen, trinken, in ihrem Schlafzimmer machen, ihr Kontostand und so weiter ist alles durch die Chips registrierbar.

In den USA und anderen Staaten/Ländern werden die Ergebnisse schon sehnsüchtig erwartet. Erste Einsatzvorhaben sickern langsam durch. So ist vorgesehen USA-Reisende damit in Amerika zu überwachen. Natürlich werden die durchsickernden Meldungen immer dementiert.

Eine Marketingstrategie ist es, den Menschen einzureden, dass beispielsweise kranke Menschen, die dringend Hilfe brauchen, mithilfe der Ortungschips gerettet werden. Damit will der Hersteller die ersten Schritte auf dem Markt rechtfertigen. Durch die Markteinführung soll das wirtschaftliche Potenzial dieser Zukunftstechnologie noch wirksamer als bisher ausgeschöpft werden. Aus dieser Position heraus werden die Weichen für die künftige Entwicklung in die gewünschte Richtung gestellt und vor allem die Anwendungspotenziale für die Monopol-, Profitsicherung und den Wirtschaftsstandort erschlossen.
Vordergründig wird uns erzählt, wie sie uns damit helfen können, aber hintergründig sind die Ziele ganz andere. Es gibt immer, in allen Bereichen, zwei Wahrheiten, die eine, die man uns erzählt,

und die, welche man vor uns geheim hält. Die eigentlichen für uns katastrophalen Anliegen solcher Entwicklungen, Entwicklungen in doppeltem Sinn, werden uns scheibchenweise untergeschoben und schleichend eingeführt. Dieses »Rezept« funktioniert schließlich schon seit Jahrhunderten. Es wird und ist schon tausendfach in der täglichen Praxis angewendet worden. Dabei spielt es keine Rolle, ob es sich dabei um ein Produkt oder ein Gesetz handelt. Wenn für ein Chipimplantat ein Gesetz gebraucht wird, so wird es eben erlassen. Die Stimmen derer, die solche Machenschaften aufdecken oder anprangern, werden (wie sollte es anders sein, stören sie doch die Pläne der Multis und ihrer Verbündeten) mit großem Aufwand bekämpft. Wobei eine beliebte Methode dabei ist, sie ins Lächerliche zu ziehen. Eine weitere Methode ist, alles zu verharmlosen und zu sagen, das sei doch alles nicht so schlimm. Ist es das wirklich nicht?
Es gibt noch viele und fiesere Methoden der geheim gehaltenen Wahrheit, den Weg zu versperren.
Eine so umfassend überwachte Bevölkerung wäre eine willkommene Beute für eine Weltdiktatur, die nicht zuletzt auch von den »Machern der Chips« ausgehen würde. Die Umsetzung des Traums der Diktatoren ist schon auf den Weg gebracht.
Dagegen sind die Überwachung und Datensammlung über unser Handy schon ein alter »Hut«.
Der Countdown läuft bis …

Ist es das, was die Menschheit will, sich so zu verkaufen für die Macht und den Profit Einzelner? Und dabei ihre Menschlichkeit zu verlieren?

Die »Times« veröffentlichte bereits im Januar 2002 einen Artikel über die Chips unter dem Titel: »Injectable Chip opens.«

Die Nanotechnologie kommt außer in der Medizin und Tierhaltung künftig unter anderem auch in der Automobilbranche, den

Lebenswissenschaften, der optischen Industrie und der Elektronik zum Einsatz.
Für einen breiten Teil der Gesellschaft könnte sich die Nanowelt in Form nützlicher und erschwinglicher Anwendungen in der Tat als Fortschritt und Erleichterung des Alltags erweisen, vorausgesetzt dass es keine nur auf Geld/Profit orientierte Gesellschaft ist.

…übrigens gibt es in Amerika einen Mann, der allen Ernstes heute schon behauptet der Mond gehöre ihm, er hat bereits Parzellen auf dem Mond verkauft. Das passende Gesetz dazu hat er in Amerika auch gleich gefunden, das es ihm erlaubt, den Mond zu besitzen und zu verkaufen. Wenn das kein Größenwahn ist, was ist es dann? Ich bin gespannt, wann der nächste Amerikaner behauptet, ihm gehöre der Mars, die Sonne, der Wind, der Himmel, der Jupiter, die Milchstraße …

Was die Welt bedroht, ist heute näher denn je:
Der Untergang des Planeten mit einhergehender
Unterwerfung der Menschheit – Alleinherrschaft Einzelner – Imperium!

Wer nicht völlig verrückt ist, muss sagen: Schluss damit!

Genug ist genug!
In unserem Alltag sind so viele widersprüchliche Botschaften, die nur für Verwirrung und zur Orientierungslosigkeit der Menschen führen. Sie sind auch eine Ursache für die Zunahme von Gemütskrankheiten.
Zu sagen, das ist eben heute alles so, ist zu einfach, so einfach können wir uns nicht aus der Verantwortung für die Menschengemeinschaft und die Verantwortung für unsere »Mutter Erde« stehlen. Wer von euch bleibt ohne Schuld?

Genug ist genug!

Zweite Möglichkeit

Die umsetzbare Utopie – die Weltneuordnung ohne Gewalt und Krieg, Freiheit und der Garten Eden für die Menschheit

Jede Art von Zwietracht sollte für immer beseitigt werden. Die Menschheit braucht dringend eine Neuordnung der Welt, die nicht an Landesgrenzen gebunden ist; die Menschheit braucht eine neue Weltordnung.

- **Das Schlüsselwort lautet: neue Weltordnung.**

- Eine generelle Änderung aller auf der Welt vorherrschenden Gesellschaftsordnungen ist unumgänglich.

- Eine neue Weltordnung muss her, denn wir wollen endlich wahrhaft frei sein.

- **Eine Weltordnung, die niemand anderem dient als dem Menschen und seinem Planeten.**

Wer nicht völlig verrückt ist, muss die zweite Möglichkeit wählen.

Einzelne »Palastrevolutionen« bringen gar nichts!
Die Menschen müssen sich weltumspannend friedlich vereinen, um sich selbst, der Menschheit(!), zu helfen.
»Palastrevolutionen« helfen für kurze Zeit einzelnen Nationen oder auch nur Gruppen in ihnen, aber eine friedliche Weltrevolution hilft der ganzen Menschheit für immer. Bringt der Menschheit den Garten Eden auf Erden.

Die Betonung liegt auf Weltrevolution, weil es sonst niemals eine freie Menschheit geben wird. Die Menschen der ganzen Welt können nur gemeinsam aus ihrer katastrophalen Lage herauskommen.

Dass sie nicht mehr viel Zeit haben, bis auf der Erde alles zusammenbricht wie ein Kartenhaus, wissen die Mächtigen des Imperiums; deshalb treiben sie die Erforschung des Weltalls und der Überwachungstechnologien sowie die Nanotechnik so fieberhaft voran!

Deshalb gehen sie mit Teilen ihrer bisher geheimen Pläne an die Öffentlichkeit, wobei die Teile allenfalls Halbwahrheiten sind, denn damit wollen sie uns vor ihren Karren spannen. Ohne uns sind sie nichts. Sie brauchen uns, um ihre Ziele zu erreichen. Ziele, die nicht die guten sind, wie sie uns einreden wollen! Ihre wahren Ziele sind andere als die, welche sie uns als Alibi nennen! Sie haben Pläne, die nur ihnen selber helfen. Pläne, die selbst den involvierten Wissenschaftlern nicht bekannt sein dürften.

Geld macht blind, verblendet, schaltet die Menschlichkeit und den Verstand ab. So sind wir heute alle in der Hand des Geldes, der Mächtigen der Dynastie des Geldes und werden von ihr beherrscht. Wir können uns das gefallen lassen, uns täglich weiter einreden und einreden lassen, wie »frei« wir doch seien.

– Freiheit, Demokratie und sozialer Kapitalismus sind nur für kurze Zeit »Partner«. Dann zerfallen sie zur Illusion von Partnerschaft.

Wir können weiter täglich deren Macht mehren und dabei selbst immer ärmer werden, darauf warten, dass die Mächtigen den Planeten verlassen und uns auf einem bis dahin kaputten Planeten im Elend zurücklassen. Oder wir können sagen: »Schluss damit, wir haben euch durchschaut und wir lassen uns nicht mehr vor euren Karren spannen.«

»Das arme Volk schleppt geduldig den Karren, worauf die Fürsten und Liberalen ihre Affenkomödie spielen.«
Georg Büchner

Die ganze Welt ist ein Theater und der US-amerikanische Präsident Bush derzeit ihr Regisseur. Wir können weiter auf nationalen Provinzbühnen, auf denen uns unsere Regierungen mit nationalen Problemen beschäftigen, von denen sie genau wissen, dass sie nicht mehr lösbar sind, uns für dieses System beschäftigen lassen. Wir können weiter zusehen, wie uns von diesen Provinzbühnen die Augen geblendet werden und wir mit nationalen und internationalen Inszenierungen weiter verdummt werden. Wir können uns den Blick für das Wesentliche weiter versperren lassen.
Wir können uns damit weiter von der Weltbühne ablenken lassen.
Denn: »Nur ein dummes Volk, ist ein gutes Volk.«
Wir können uns weiter mit Konsumquatsch berauschen lassen. Wir können weiter zusehen, wie wir mit nationalen und internationalen, taktischen Ränkespielen, Parteienfilz, Krieg und anderem mehr daran gehindert werden, die Lage, in der wir tatsächlich sind, zu erkennen.

Oder wir können aufstehen und nicht mehr Beifall klatschen, sondern dieses miserable Stück absetzen! Ein für alle Mal!

Wir können ein neues Stück, unser Stück, das heißt:
Eine befreite Menschheit (!), auf den Spielplan setzen!

Wohlstand für jeden Menschen!
Ein menschenwürdiges Leben für jeden Menschen!

Davor haben die Mächtigen dieser Welt panische Angst. Sie haben erkannt, dass auf ihrer Bühne der letzte Vorhang, so oder so, schon im Fallen ist. Sie setzen alles in Bewegung, um das zu verhindern.

Da sie jedoch ganz genau wissen, dass sie es nicht verhindern können, werfen sie Sand ins Weltgetriebe, um sich die nötige Zeit zu verschaffen, die sie brauchen, um »ihr Scherflein« ins Trockene zu bringen, diesen Planeten zu verlassen und die betrogene Menschheit im Elend eines Endzeitszenarios zurückzulassen! (Allerdings glaube ich nicht, dass ihnen das gelingen wird, weil das ganze Geld der Welt nicht ausreichen wird, um dieses Weltraumprojekt erfolgreich zum Abschluss zu bringen.)

Immerhin hat es Jahrtausende lang geklappt, die Menschheit am Gängelband des Geldes in der Hand zu halten.

Damit wir das Stück bestimmen, das auf die Bühne kommt, dürfen wir, die Menschen, uns nicht mehr in verschiedene Gruppen spalten lassen, sondern alle Menschen aller Nationalitäten müssen sich (wie es der olympische Grundgedanke ist) friedlich vereinigen, in dem Ringen um das große Ziel der Befreiung der Menschheit und der Wiederherstellung der menschlichen Würde. Nur durch Kommunikation und Vereinigung aller Menschen, aller Nationen erreichen wir den Weltfrieden und ein sorgenfreies Leben, den Garten Eden für die Menschheit.

> »Glücklich, wem von allen Gaben klaren Sinn die Götter gaben.«
> Sokrates

Den Menschen in den Mittelpunkt allen Tuns und Seins zu rücken, nicht weiter im Kopfstand zu verharren, sondern uns wieder auf die Beine zu stellen, lernen, aufeinander zuzulaufen und dabei lernen, in eine neue Richtung zu laufen, ist oberstes Gebot für die Menschheit in den kommenden Jahren.

Wir können Menschen, die sich für uns einsetzen, wie zum Beispiel Greenpeace-Aktivisten oder die Gegner eines weltumspannen-

den, globalen Megakonzerns oder viele andere Gruppen, weiter im Stich lassen, im Kampf für uns, sie weiter als Spinner abtun. Oder wir können sie endlich verstehen und lernen, in neuen Dimensionen global zu denken. Die logistische Herausforderung der Menschheit unseres Jahrhunderts, die Neuordnung der Welt, anpacken.
Dabei bleibt uns dafür kaum Zeit. Jede Stunde zählt!
Die Menschheit muss vereint, nicht weiter gespalten werden! Schluss mit Rassenhass.
Eine noch länger andauernde Spaltung der Menschheit wäre ihr sicherer Untergang. Wenn sich die Menschheit aber zur Lösung dieser in ihrer Geschichte einmaligen und lohnenswertesten Aufgabe, der Schaffung einer neuen Weltordnung, vereint, macht sie sich selber das größte »Geschenk«.
Ohne Blutvergießen, es ist schon zu viel Blut vergossen worden auf dieser Welt, zu viel Leid, Tod und Trauer. Zu viel Not auf dieser eigentlich von Natur aus wunderschönen Welt. Gleichzeitige friedliche Demos weltweit zur Schaffung einer neuen Weltordnung. Fordern wir sie von unseren Regierungen ein. Beauftragen wir die Vereinten Nationen, mit uns zu handeln.

Als erster Schritt der radikalen Erneuerung der Weltordnung muss weltweit am mit allen Nationen abgesprochenen Tag »X«, der besser heute als morgen sein sollte, die absolut klassenlose Gesellschaft geschaffen werden, indem das Geld der ganzen Welt, unabhängig von Land oder Währung, durch die Vereinten Nationen eingefroren wird.
Das Geld jeder Währung muss danach einen Einheitswert bekommen. Die Verwaltung des Weltvermögens muss gleichberechtigt durch die Vereinten Nationen erfolgen.

Die 192 Länder/Staaten der Welt müssen pro Kopf der Bevölkerung die benötigte Summe des vorher berechneten für jeden Menschen gleichen Einheitslohns monatlich zur Verfügung gestellt

bekommen. Die Menschen erhalten nicht mehr von den Firmen, sondern von dem von der UNO (in der jedes Land vertreten sein muss) verwalteten Weltvermögen über ihre nationalen Regierungen monatlich ihr Geld.
Danach muss gleich jedem Menschen diese monatliche Einheitssumme von den nationalen Regierungen auf die jeweiligen Konten gutgeschrieben werden. Für Menschen, die kein Konto haben, wird eines eröffnet. Der Betrag des Einheitslohns muss so sein, dass er jedem Menschen ein menschenwürdiges Leben ermöglicht. Kein Mensch, egal, wo und in welchem Beruf er tätig ist, darf eine andere Summe Geld bekommen.
Kein Mensch ist mehr wert! Jeder ist gleichwertig! Klassenlos!

- **Gesellschaftliche Ränge dienen nur der Ungleichbehandlung der Menschen.**

Menschen, die alt oder krank sind und deswegen nicht arbeiten können, sowie Menschen, für die keine Arbeit da ist, erhalten denselben Betrag. Jeder Mensch muss monatlich, denselben Betrag erhalten, den er auch voll ausgeben kann. Jeder Mensch muss per Gesetz und Verfassung die Garantie haben, dass er sein Geld zeitlebens bekommt.

> »Macht ist seit Tausenden von Jahren ein gut bekanntes Gift. Wenn doch nie ein Mensch materielle Macht über andere erlangen könnte.«
> Alexander Solschenizyn

Sparguthaben und damit die Schaffung einer neuen Dynastie der Macht muss bei Strafe verboten und darf in keiner Form geduldet werden. Zu lange hat das Böse triumphiert.
(Als Strafe: Einzug und wieder in den »Topf« der Weltkasse geben, sowie je nach der gesparten Menge für 1 bis x Monate nur die Hälfte aus dem Topf ausgezahlt bekommen)

> »Besitz verlockt zur Sünde und die Anhäufung von Reichtümern entsittlicht den Menschen, nur die einfache Arbeit gibt Glück und Zufriedenheit.«
> Leo Tolstoi

Die Rettung des Planeten Erde, der Natur mithilfe des Geldes aus dem gigantischen Weltvermögen.

Viele Menschen achten das, was sie haben nicht, sie behandeln es geringschätzig, erst wenn sie es verloren haben, verstehen sie, was sie verloren haben. Wir können nicht abwarten, bis wir die Erde verloren haben, um ihren Wert zu begreifen, um sie zu schätzen. Wir haben nur diese Erde, sie ist unersetzbar, wenn wir sie zerstören/verlieren gibt es kein Zurück.

> »Predige Weisheit lang und breit, wer geht in ihren Pfaden?
> Auf Erden wird kein Mensch gescheit, außer durch eigenen Schaden.«
> Viktor Blüthingen

Die Menschheit hat ein gigantisches Potenzial an fantasievollen begabten Menschen, an klugen Köpfen, nutzen wir es zum Wohle aller und einer glücklichen freien, friedlichen Welt.

> »Trachte jeder, überall sich und anderen zu nutzen!«
> Johann Wolfgang von Goethe

Alle nötigen Gelder für die nun öffentlichen Unternehmen werden von den Vereinten Nationen ausgereicht. Die Arbeit der UNO und die Verwendung der Gelder müssen in einer absoluten Transparenz für jeden sein. Jeder Mensch muss jederzeit alle Akten der Vereinten Nationen sowie der Länderregierungen kontrollieren können. Zusätzlich muss aus Menschen aller Nationen ein Kon-

trollgremium gebildet werden, dessen Berichte in vollem Umfang jederzeit allen Menschen zugänglich sind, um zu verhindern, dass neuer »Filz« entsteht. Die Regierungen der Länder werden zu »Hausmeistern« ihrer Länder.
Wenn die Menschen diese erste Stufe umgesetzt haben und viele andere Details geregelt wurden, wie: Lebensnotwendige und die Lebensqualität steigernde Bereiche werden für die Menschen kostenlos.

Ferner:

- Ächtung, Vernichtung aller Waffen
- Abschaffung aller Armeen, teilweise Umwandlung in Katastrophenschutz
- Ächtung Vernichtung von Drogen aller Art
- kostenloser Entzug für alle Süchtigen, damit auch ihre Lebensqualität sich vollständig bessert
- Reduzierung und neue Aufgabenzuweisung des Verwaltungsapparates
- Errichtung eines nur dem Menschen dienenden kostenlosen Gesundheitswesens
- kostenlose Versorgung von pflegebedürftigen Menschen
- Produktion von nur sicheren Medikamenten
- Forschung nach von Nebenwirkungen freier Medikamenten
- kostenlose Medikamente – alle rezeptpflichtig
- Abschaffung der Miete für Wohnraum
- Verwaltung des Wohnraums durch die Stadtverwaltungen mit Geldern aus dem Weltvermögen
- Brot, Milch, Butter, Reis, Kartoffeln, Zucker und Salz für alle kostenlos
- Erschließung von die Erde schonenden alternativen Energiequellen
- Abschaffung der Gebühren für Müllentsorgung, Abwasser

- Abschaffung der Bezahlung für Strom, Wasser, Erdgas, Telefon
- Abschaffung der Bezahlung für Bahn, U-Bahn, Straßenbahn, Bus, Flugzeuge, Schiffe, Taxi
- Kostenlose Nutzung von allen Freizeitparks, Theatern, Museen …
- kostenloses Fernsehen
- kostenloses Telefonieren und Internet
- kostenlose Bildung für alle Schulformen
- weltweite Einführung einer zweiten einheitlichen Fremdsprache, damit jeder Mensch sich mit jedem Menschen auf der Welt unterhalten kann (vielleicht Englisch, da es in der Technik und in vielen anderen Bereichen bereits verwendet wird)
- Minimieren und Transparenz von Gesetzen und Verordnungen
- für jeden verständliche Gesetze und Verordnungen
- Gleichbehandlung aller vor dem Gesetz
- Jeder Mensch kann frei über sich bestimmen ohne kulturelle oder andere Zwänge.
- oberstes Gebot: Kein Mensch wird diskriminiert!
- soziale Ausgeglichenheit
- Schaffung der absolut klassenlosen Gesellschaft
- verantwortungsvolles Umgehen mit allen Ressourcen
- Abschaffung von überflüssigen Mehrfachverpackungen (z. B. Zahnpasta in Tube und Tube in Schachtel)
- Mehrwegverpackungen, wo immer es möglich ist

Wenn auch umwelterhaltende und schützende Maßnahmen getroffen wurden und anderes mehr, ist ein großer, der schwerste, Teil schon vollbracht.

Alles, was für die Menschen kostenlos ist, wird aus dem Weltvermögen finanziert, wobei dafür lediglich die Unterhaltungskosten oder die Erzeugerpreise fällig werden. Für alle frei käuflichen Waren wird eine weltweit einheitliche Obergrenze festgelegt, was gleichzeitig steigende Preise und eine Kostenexplosion verhindert.

Die Menschen werden wieder Spaß an ihrem Leben haben und Spaß, etwas zu schaffen und ihren Beitrag für die menschliche Gesellschaft zu leisten, zur Freude und zum Nutzen aller. Arbeit hat den Menschen zum Menschen gemacht, denn ohne Arbeit würden wir zum »Planeten der Affen« werden. Arbeit ist eine Frage der Ehre und der Nächstenliebe. Arbeit ist dem Menschen ein Bedürfnis, vor allem wenn sie sich in einem vernünftigen Zeitmaß bewegt. Der Mensch freut sich zu Recht über das, was er selbst geschaffen hat. Warum sonst sollten beispielsweise Arbeitslose sagen, ihnen falle ohne Arbeit die »Decke« auf den Kopf?

Die Wochenarbeitszeit kann für alle auf zirka zwanzig Stunden oder weniger reduziert werden, da genug Arbeitskräfte, später auch Roboter, da sind. Acht Wochen Mindesturlaub wird dann für jeden Menschen gesichert festgeschrieben.
Der Motor der Wissenschaft und aller technischen Entwicklungen und Bauten muss und wird das Wohl der Menschen sein. Wie gesagt, es wird auch eine Frage der Ehre sein. Nie wieder darf der Motor aller neuen Erfindungen Geld oder Macht sein! So kann dann die zweite Stufe zur freien Menschheit, einer Menschheit ohne Geld, in Angriff genommen werden.

> »Der Urquell aller technischen Errungenschaften ist die Neugier und der Spieltrieb des bastelnden und grübelnden Forschers und nicht minder die konstruktive Fantasie des technischen Erfinders.«
> Albert Einstein

- In dieser Gesellschaftsordnung, welchen Namen man ihr dann auch gibt, ist das Kostbarste dann der Mensch als Individuum!

Kein Mensch muss jemals wieder hungern. Bei einem Verbot des Tabakanbaus können zudem gewaltige Flächen zur Erzeugung von Lebensmitteln genutzt werden. Der Welthunger würde durch diese und andere Maßnahmen völlig verschwinden. Die derzeitigen Welthungerprobleme sind doch hausgemacht, um dem Geld zu huldigen. Keiner weiß, wie sich Markt und Währungskurse entwickeln werden, es gibt keine Stabilität. Dagegen helfen auch die besten Konzepte nicht, die Demokratie, die Weltwirtschaft zu stabilisieren.

- Erst wenn es kein Geld mehr gibt, gibt es Stabilität; Sicherheit für die Menschen, erst dann gibt es eine Wohlstandsperspektive für immer und alle Zeiten und für jeden Menschen auf der Welt!

Stabilität auf einem geretteten Planeten Erde, dessen Natur zunächst mithilfe des Geldes aus dem Weltvermögen, wo immer möglich, wieder hergestellt und geschützt wird. Wenn die Menschheit sich in dieser friedlichen und lebenswerten wunderschönen Welt so weit eingerichtet und entwickelt hat, dass alles ohne Hass und Neid funktioniert, wird sie glücklich sein und wirklich frei.

Dann werden die Menschen Zeit haben für ihre Kinder, Familien und allen schönen Dinge der Welt. Jeder kann sich Zeit nehmen, wofür er sich Zeit nehmen will. Jeder kann die Schönheit unseres Planeten genießen.
Es wird keinen Stress, keine Hektik mehr geben, da die Arbeit auf alle verteilt ist. Jeder braucht dann nur kurze Zeit zu arbeiten. Die Arbeit wird für jeden Spaß und für keinen Menschen mehr Last sein. Das Rentenalter/Ruhestandsalter kann für die Menschheit

herabgesetzt werden, sodass jeder, wenn er möchte, mit einem Alter von fünfzig Jahren sorgenfrei in Rente/den Ruhestand gehen kann. Keiner wird unter einer Last von Arbeit leiden, keiner wird ausgebeutet. Es wird keine stress- und profitbedingten Krankheiten mehr geben.
Ein Umdenken aller Menschen zum Wohle aller.
Neue Maßstäbe, Maßstäbe der Menschlichkeit. So kann unser Planet für alle zum Garten Eden werden.

> »Der Traum enthält etwas, das besser ist als die Wirklichkeit.
> Die Wirklichkeit enthält etwas das besser ist als der Traum.
> Vollkommenes Glück wäre die Verbindung beider.«
> Leo Tolstoi

Die Würde des Menschen ist vollkommen hergestellt.

Geld ist der Totengräber von Herzlichkeit, Menschlichkeit, Hilfsbereitschaft, Ethik, Würde, Freiheit, Wahrheit, Nächstenliebe, aller Tugenden!

Die Advokaten des Geldes verkennen seine tödliche Wirkung, sie verkennen auch, wie überflüssig das Geld in Wirklichkeit ist.

> »Eine Seele nimmt nichts mit in die andere Welt, außer ihrer Kultur und ihrer Bildung.«
> Plato

Um einen Wert zu kennzeichnen, bedarf es keines Geldes, nur höherer Maßstäbe für Ethik und Moral. Um sich hervorzuheben, bedarf es keines Geldes, nur besserer Leistungen.

Herzlichkeit, Fürsorge, Nächstenliebe, füreinander da sein als große glückliche Welt – Familie ist nur und erst allumfassend in einer Gesellschaft ohne Geld möglich.

Die Ausbeutung des Menschen hat erst in einer Welt, in der es nicht mehr um Profit, nicht mehr um Geld geht, ein Ende.
So lange es Geld gibt, gibt es auch Korruption.

Wirklich frei wird die Menschheit erst sein, wenn sie sich von ihrem größten Feind, dem Geld, befreit hat.

Wenn es kein Geld mehr gibt, ist es nicht mehr erforderlich, dass Arbeitsplätze aus dem Boden gestampft werden müssen, damit die Menschen ihren Lebensunterhalt bezahlen können. Es werden nur noch die zum Wohle aller notwendigen Arbeitsplätze erforderlich sein. Die Arbeitsplätze, die wir für unser Leben, einem sorglosen Leben, benötigen. Kein Mensch wird sich zu Tode arbeiten.

Deshalb wird die Erschaffung der neuen Welt erst vollendet sein, wenn die Menschheit sich noch weiter entwickelt, erwachsen geworden und bereit ist, das Geld vollständig abzuschaffen!
Dann wird kein Mensch je wieder Existenzangst haben.

> »Es geschieht jederzeit etwas Unerwartetes, unter anderem ist das Leben deshalb so interessant.«
> Marie von Escher-Eschenbach

- Wir stellen uns so oft vor, was wir alles tun würden, wenn wir einmal reich wären. Warum stellen wir uns nicht vor, was wir alles tun könnten, um wie viel schöner es wäre, wenn wir kein Geld mehr bräuchten?
- Was für grenzenlose Möglichkeiten hat dann die Forschung, die Entwicklung, der Städtebau, die Bildung, die Menschheit und jeder Einzelne ...?
- Erst eine Welt ohne Geld kann das Universum erobern. Friedlich!

Wir müssen nicht zurück in die Steinzeit, um neu anzufangen. Es geht auch anders, indem wir uns die moderne Welt und ihre Möglichkeiten zunutze machen, uns derer bedienen. Es ist unsere Welt, nicht die von einer Hand voll Reichen und superreichen Imperialisten, auch wenn die es gerne so hätten.

> »Die Freiheit kann nichts Zerbrechliches sein, das leicht zerfällt, sie muss ein Fels sein, der alle immer hält.«
> E.T.

> »Der Augenblick ist kostbar wie das Leben des Menschen.«
> Friedrich von Schiller

Ich hoffe, dass die Menschheit dafür reif ist,
diese Botschaft zu verstehen und ihre
in doppeltem Sinn zweite Chance zu nutzen,
bevor es dafür zu spät ist.
Möge die Weisheit der Menschheit ausreichen,
das Richtige
rechzeitig zu tun.

Schlusswort – Zusammenfassung

Diese Arbeit soll ein Blick hinter die Kulissen, auf das Geschehen, die Not hinter der schillernden Fassade der Gesellschaft und hinter der schillernden Fassade des Konsums ermöglichen. Die Medien sind meistens bemüht, uns eine heile Welt vorzugaukeln und Optimismus zu verbreiten. Was allerdings auch für die Medien zunehmend schwerer wird angesichts der zunehmenden globalen Katastrophen.
Diese Arbeit soll die so gern vertuschten/verdrängten zahlreichen Kontras dieser Gesellschaft deutlich machen. Gleichzeitig soll verdeutlicht werden, wie alles ineinander verwoben ist und dass das Geld Bestandteil und Auslöser jeder erdenklichen negativen Entwicklung ist. Mein Anliegen war es zu verdeutlichen, welche verheerende Wirkung das Geld tatsächlich auf unser Leben hat, auch wenn ich der Kürze halber an dieser Stelle nicht alle Lebensbereiche explizit beschrieben habe.

Mein Vater sagte oft: »Viele Wege führen nach Rom.«
Ich sage: »Das Geld vernichtet heute zunehmend auf vielen Wegen unser Leben, unsere Mutter Erde.«

Wie gesagt wird das gesamte Geld der Welt (!) in den nächsten zehn bis fünfzehn Jahren in einem bisher nicht gekannten Ausmaß sowie einer nicht gekannten Geschwindigkeit sich in den Händen von einigen wenigen Leuten zentralisieren. Diese Zentralisierung des Geldes, die bisher noch durch die Banken und den bargeldlosen Zahlungsverkehr verschleiert wird, wird letztlich weltweit alles zusammenbrechen lassen. Bereits jetzt funktioniert alles nur noch, weil es dem einen genommen und dem anderen gegeben wird. Ein »Loch« wird gestopft, indem woanders ein »Loch« oder mehrere »Löcher« aufgerissen werden. Dieser Kreislauf wird nicht auf ewig weiter so funktionieren, weil auch das bald nicht mehr ausreicht, da es in Kürze nur noch »Löcher« geben wird.

Im Übrigen wird die Instabilität des ganzen Systems wirtschaftlich und gesellschaftlich besonders deutlich nach Naturkatastrophen oder Bombenanschlägen, gleich welcher Art.
Das Negative und die Armut sind in einem rasanten Vormarsch, weltweit. Elendsviertel und Slums breiten sich als Folge der weniger werdenden Arbeitsplätze und der damit verbundenen zunehmenden Armut flächendeckend aus.
Diese Entwicklung ist unerträglich und nicht länger hinzunehmen. Viele Menschen sehen, fühlen es, und jeder sagt und fragt sich hilflos, was soll ich machen? Ich kann doch nichts machen. So habe ich auch noch vor Kurzem gedacht, dann erinnerte ich mich unter anderem auch an Goethes Worte:

> »Es ist nicht genug zu wissen, man muss auch anwenden; es ist nicht genug zu wollen, man muss auch tun.«
> Johann Wolfgang von Goethe

Mir geht es nicht darum, all das Gute zu negieren, was ehrenwerte, mehr oder weniger couragierte aufrichtige Menschen in aller Welt tagtäglich leisten, um ihr und das Leben anderer zu erhalten oder zu verbessern. Es geht auch nicht darum, verantwortungsvolle Wissenschaftler und Erfinder zu diffamieren oder zu entmutigen: Ganz im Gegenteil, ihre Arbeit wird, dient sie ausschließlich dem Menschen, den Menschen das Leben verschönen, erleichtern und viel Freizeit und Freiheit bringen.

Mir geht es darum, dass die ohne jeden Zweifel in den nächsten Jahren in dieser Zeitepoche stattfindenden großen Umgestaltungen, welche unumgänglich sind in der Welt, in die richtige Richtung stattfinden. Nämlich zum Wohl der Menschen und nicht zum Wohl des Kapitals. Mir geht es um die nahe Zukunft, die nächsten Jahrzehnte oder überhaupt die Zukunft der Menschheit. Mir geht es um und die Effektivität der Umgestaltung,
Schaffung einer neuen weltweiten Gesellschaftsordnung, die letzt-

lich das Überleben der Menschheit sichert. Mir geht es um das freie Leben und Wohl der Menschheit, das eine neue Weltordnung in sich birgt. Mir geht es darum, den Menschen ihre lebensbedrohliche Situation ins Bewusstsein zu rücken, die Menschen dafür zu sensibilisieren. Aufzuzeigen, wie weit schon in diesem Lebensraum Erde die zerstörende Entwicklung fortgeschritten ist.
Mir geht es darum, dass alle Menschen erkennen, dass sie an ihrer Situation nur etwas verbessern können, wenn sie sich zusammen, länderübergreifend und weltumspannend der Aufgabe annehmen. Und das schnellstmöglich.

- Mir geht es darum, dass alle Menschen in ihrer Alltagshektik innehalten und sich die Zeit nehmen, zu erkennen, dass die Menschheit heute (!) und nicht erst irgendwann an einem ihren Fortbestand besiegelnden oder beendenden Scheideweg angekommen ist.

»Das ist die ausbündige Narrheit dieser Welt, dass ...wir die Schuld unserer Unfälle auf Sonne, Mond und Sterne schieben, als wenn wir Schurken wären durch Notwendigkeit, Narren durch himmlische Entwicklung, Schelme, Diebe und Verräter durch die Übermacht der Sphären, Trunkenbolde, Lügner und Ehebrecher durch erzwungene Abhängigkeit von planetarischem Einfluss ...«
William Shakespeare (König Lear)

»Um eins bitte ich: Ihr, die ihr diese Zeit überlebt, vergesst nicht!
Vergesst die Guten nicht und nicht die Schlechten!
Sammelt geduldig Zeugnisse über jene, die für euch gefallen sind.
Eines Tages wird das Heute Vergangenheit sein ...«
Julius Fucik

Wenn man weiß, was man will, ist die Erkenntnis dessen, schon der erste Schritt dazu, es zu erreichen; warten wir nicht mit der Erneuerung der Welt bis zur letzen Sekunde. Die Zeit, die wir verlieren, verlieren wir für immer.

Ich räume ein, dass der Zeitfaktor, in dem das alles stattfindet, nicht genau kalkulierbar ist; dafür spielen zu viele instabile Variablen bei diesem Prozess eine Rolle, dennoch ändern diese lediglich das »Zeitfenster«, in dem das alles passiert – aber es ändert nicht die Ereignisse oder das Ergebnis.
Fakt ist, dass die Menschheit sich an einem Scheidepunkt befindet, an dem sie noch selbst die Weichen in die eine oder andere Richtung, stellen kann.

Noch eine Bitte, wenn sie eine Neuordnung der Welt befürworten, sagen sie es weiter oder schreiben sie es auch mir.

Postanschrift:

Ellen Time
PSF: 10 12 09
D-06512 Sangerhausen

Anhang

Es hat einige Zeit gedauert, bis ich einen geeigneten Verlag für dieses Buch gefunden habe, das aber ändert alles nichts an der Grundaussage des Buches. Auch wenn in der Zwischenzeit das eine oder andere beispielsweise in der Gesundheitsreform nachgebessert wurde. Denn die Tatsache, dass die Krankenkassen jetzt Gewinne machen, spricht für sich. Oder sind jetzt auf einmal alle Menschen gesund geworden?

»Der kleine Mann«, zahlt immer die Zeche, auf die eine oder die andere Art. So ist und bleibt das immer, wenn wir es nicht ändern.

Im Übrigen habe ich im Januar 2004 das Manuskript (da es mir bis dato noch nicht in Buchform vorliegt) unter anderem an folgende Adressen gesandt:

- Mitteldeutscher Rundfunk – Fernsehen
- HR – Hessischer Rundfunk – Fernsehen
- Partei – Grüne Berlin
- Partei – PDS Landesvorstand Sachsen Anhalt
- UN – Zweigstelle Berlin
- Papst Johannes Paul der II., Papst der Katholischen Kirche in Rom
- Ulla Schmidt – Gesundheitsministerin Deutschland
- Universitäten in: Berlin, Potsdam, Halle, Leipzig …
- Im April 2004 Lokalredaktion der Mitteldeutschen Zeitung Sangerhausen
- attac